발효식초 빚기

초보자를 식초명인으로 만드는 식초 기술서

초판 1쇄 인쇄 2016년 3월 14일

지은이 백용규

펴낸이 황윤억
기획위원 김우실, 박수철, 안창호, 정세연, 조식제, 한상준, 한형선(가나다 순)
책임 편집 윤지영
편집 김길식
교열 양은희
사진 키메라엔 스튜디오
디자인 이윤임
마케팅 박진주, 이민섭
인쇄 애드그린

펴낸곳 헬스레터, 한국전통발효아카데미
주소 서울 서초구 남부순환로 333길 36(서초동 1431-1) 해원빌딩 4층
전화 02-6120-0258, 0259 / 팩스 02-6120-0257
전자우편 gold4271@naver.com
출판등록 제2012-00042호
등록일자 2012년 9월 14일

ISBN 978-89-969505-2-3 03570

이 도서의 국립중앙도서관 출판예정도서목록(CIP)은 서지정보유통지원시스템 홈페이지(http://seoji.nl.go.kr)와
국가자료공동목록시스템(http://www.nl.go.kr/kolisnet)에서 이용하실 수 있습니다. (CIP제어번호: CIP2016000885)

발효식초 빚기

| 백용규 지음 |

초보자를 식초명인으로 만드는

식초 기술서

＊온도 · 품온

온도 이 책에서 제시하는 온도는 필자가 많은 경험을 통해 찾아낸 최적의 조건이다. 식초 빚는 것이 처음이거나 익숙하지 않다면 이대로 똑같이 따라 해볼 것을 권한다. 실패 확률이 적을수록 동기 부여가 되고, 많이 빚어볼수록 요령을 터득하여 나만의 레시피를 만들 수 있다.

품온 品溫 품온은 외기 온도보다 높아져 있는 액체 내부의 온도를 말한다. 발효 중인 술이나 식초의 온도를 가리킨다.

＊발효 · 부패 · 산패

발효 미생물이 분비한 효소의 작용으로 유기물이 분해되어 사람에게 유익한 물질 또는 의도한 물질로 변하는 것이다.

부패 미생물이 분비한 효소의 작용으로 유기물이 분해되어 사람에게 유익하지 않은 물질 또는 의도하지 않은 물질로 변하는 것이다.

산패 술이나 지방류와 같은 유기물들이 산소, 빛, 열, 세균, 효소 등의 작용에 의해 산성이 되어 신맛과 신 향이 강하게 나는 것이다. 예를 들어 식초를 만들기 위해 초산발효가 일어났다면 '발효'라고 하지만, 술을 빚는 것이 목적이었는데 초산균이 번식하여 신맛이 강하게 난다면 '부패' 또는 '산패'라고 한다.

＊담금 · 밑술 · 덧술

담금 김치, 술, 장 등을 만들기 위해 재료들을 섞거나 이겨 발효가 되도록 그릇에 담는 것을 말한다. 전통주는 담금의 횟수를 늘릴수록 누룩 속의 효모의 수가 증가해서 알코올도수가 높아지고 맛과 향이 좋은 술이 빚어진다. 한 번 담금하여 만든 술을 단양주, 두 번 담금하여 만든 술을 이양주, 세 번 담금하여 만든 술을 삼양주라고 한다.

밑술 통상적으로 덧술 전에 하는 담금을 밑술이라고 한다. 전통주를 빚을 때 밑술의 목적은 누룩 속의 효모의 수를 증가시키는 것이다.

덧술 통상적으로 밑술 다음에 하는 담금을 덧술이라고 한다. 전통주를 빚을 때 최종적으로 하는 덧술은 '고두밥'을 넣는 것이다.

＊ 종초

종초 종초는 이미 만들어진 식초로 살균이나 여과를 하지 않아 초산균이 잘 살아 있다. 초산발효 용기 속에 종초를 미리 넣어주면 다른 잡균들이 번식하기 전에 초산균이 잘 자라서 좋은 식초를 만들 수 있다. 특히 도심지에서 식초를 빚는다면 종초를 넣어주어야 초산균이 잘 자랄 수 있다.

＊ 산도 · 총산도(총산)

산도 酸度   용액의 산의 세기의 정도를 나타내는 지표다. 식초에서는 주로 유기산의 함량을 나타내는 지표가 된다.

총산도 total acidity, 總酸度   식초 속에 들어 있는 초산뿐만 아니라 구연산, 사과산, 주석산 등의 모든 유기산들의 함량을 나타내는 지표다. 줄여서 총산이라고 말하기도 한다.

＊ 당도 · 브릭스(Brix 또는 °Bx)

당도 糖度   음식물(과즙)이 함유하고 있는 단맛(당)의 탄수화물 양을 백분율로 나타낸 것이다.

브릭스 Brix   과일이나 술과 같은 액체에 들어 있는 당의 농도를 대략적으로 정하는 단위로 독일 과학자 브릭스(Adolf F. Brix)의 이름을 붙여 사용한다. 예를 들어 용액 100 g에 대략 1 g의 당이 들어 있다면 1 브릭스, 당이 대략 2 g이 들어 있다면 2 브릭스가 된다.

＊ 당화 · 당화력 · 보당

당화 糖化   전분이 분해효소(아밀라아제)에 의해 분해되어 포도당이 되는 것을 '당화'라고 한다. 전분이 포도당으로 변하면 효모라는 미생물이 포도당을 먹고 알코올을 만들어낸다. 이것이 알코올발효이며 알코올발효가 일어나면 술이 된다.

당화력 糖化力   효소나 산(酸) 등이 전분과 같은 다당류를 포도당과 같은 단당류 또는 엿당과 같은 이당류로 만드는 힘을 수치로 표현한 것이다. 당화력을 나타내는 단위는 SP(saccharogenic power)를 사용한다.

보당 補糖   과일이나 채소류 등의 당도가 낮아 발효가 어려울 때 당분(주로 설탕)을 보충해주어 당도를 높여주는 것으로 적정 알코올도수를 얻는 데 목적이 있다.

식초가 우리 몸에 좋은 발효식품이라는 건 누구나 아는 상식이다. 그러나 좋은 식초가 어떤 식초인지 판별하기는 쉽지 않다. 전통발효식초, 즉 자연발효식초에 대한 정보가 그만큼 국민 건강 깊숙이 대중화되어 있지 못하다. '좋은 식초', '건강한 식초'란 어떤 것인지를 알기 위해 필자는 관련 논문과 식초 서적들을 읽고 연구했다.

필자는 부산의 '동인고등학교' 수학 교사로 재직했다. 교사 생활을 하면서도 부모님이 창업한 두부요리 전문 식당인 '거창맷돌'의 두부 연구와 메뉴 개발을 게을리하지 않았다. 대학의 학부에서 통계학, 대학원에서 수학을 전공했지만, 어느새 필자는 식품 관련 학문에 매료돼 있었다. 특히 발효식품에 대한 지적 호기심은 발효를 전공하는 학문으로 이어졌다. 결국 대학원에 진학하여 박사학위(식품영양학 전공)를 취득했으며, 현재 대학에서 학생들을 가르치고 있다.

한번 발을 들여놓으면 끝을 보고야 마는 성격 탓일까? 두부를 학문적으로 연구하면서 두부와 궁합이 잘 맞는 전통주 연구에 매진했다. 술 관련 자료를 섭렵하며 탁주를 직접 만들어보았지만 만족할 만한 술맛을 찾지 못했다. 학교에서 명예퇴직하면서 본격적으로 전통주 공부에 뛰어들어 좋은 술 개발에 매진했다.

우리의 전통주는 집집마다 빚는 가양주인데, 일제 강점기 때부터 그 명맥이 끊겨, 좋은 술의 전통이 사라지는 통탄할 아쉬움이 있다. 어떻게 하면 좋은 술이 될까, 우리의 고급스러운 전통술을 어떻게 되살릴 수 있을까를 날마다 고민하며 팔이 움직이지 않을 만큼 매일 술을 빚고 또 빚었다. 그러면서 발효의 오묘함과 신비로움을 풍부하게 경험할 수 있었고, 『율방의 전통주 빚기』라는 책을 펴내면서, 전통주 강의도 시작하게 됐다.

식초는 술을 빚으면서 알게 된 또 다른 신비로운 세계다. 자연발효식초는 술(알코올)을 초산발효시켜 얻는다. 발효식초는 다양한 종류의 유기산과 단백질, 아미노산, 무기질, 비타민 등이 풍부한 알칼리성 건강식품이다.

전통주를 빚으면서 연구실 곳곳을 차지하는 한편에서는 손길이 미치지 못한 술 몇 병이 식초로 변했다. 조상들이 부뚜막에서 막걸리 식초를 만든 것처럼 말이다. 드디어 직접 빚은 전통주로 양질의 식초를 제조하면서 자연발효식초의 세계에 입문했다.

필자의 가족은 자연발효식초를 마시면서 조금씩 몸의 변화를 느끼기 시작했다. 아침에 눈 뜨는 것이 힘들지 않았고, 특별히 운동을 하지 않아도 활력을 느낄 수 있었다. 건강기능식품을 따로 복용할 필요가 없어졌다. 우리 몸의 생리 기능이 만점을 향해 치달은 것이다.

이토록 좋은 발효식품이 있음에도 불구하고, 그동안 우리는 원유에서 추출하고 중금속을 제거한 합성식초인 빙초산을 버젓이 먹고 있다. 유럽 등 선진국에서는 빙초산을 식용으로 사용할 수 없다는 법이 시행되고, 공업용으로만 사용할 수 있는 데 반해, 우리나라에서는 빙초산으로 신맛을 내는 음식점이 다수 있어 안타까운 일이다. 특히 배달 음식에 포함되는 초절임 채소인 소위 피클을 빙초산으로 만드는 곳이 많다. 이는 아이들의 건강을 해치지는 않을지 걱정스럽다.

발효식품 전시회 등에서 발효식초를 홍보하러 가면 안타까운 점이 있다. 젊은 주부들이 식초를 꺼린다는 사실이다. 특히 어린 자녀를 둔 20~30대 젊은 여성들이 식초를 기피하는 것이 무척 아쉬웠다. 아이들은 식초의 신맛에 거부감이 덜한 데 비해, 젊은 주부들이 발효식초의 신맛을 거부한다. 가족의 건강을 책임지고 있는 주부들에게 식초가 좀 더 친근한 식품이 되면 좋겠다는 조심스러운 마음이 이 책을 쓰게 된 이유 중 하나다.

국내 식초 관련 도서들은 대체로 식초의 효능에 관한 이야기들이 주를 이루고 있고, 식초 기술서는 부족한 실정이다. 알코올 발효와 초산발효의 기술적인 부분을 자세하게 언급하기보다는 재료에 따른 레시피 중심으로 소개한 책들이 주류를 이룬다. 또한 총산도에 따른 발효식초의 상품성을 측정하는 관능 검사 방법에 대한 설명이 자세하지 않은 것이 아쉬웠다. 최근 들어 식초 기술서들이 앞다퉈 나오고 있다.

필자는 식초를 빚기 위해 알코올발효와 초산발효는 어떤 조건 아래서 진행해야 하고 멈춰야 하는지, 초산발효가 끝나면 어떻게 숙성시키는지, 병입 후 살균 처리와 보관은 어떻게 하는지 꼬리를 문 의문들은 쉽게 풀리지 않았다. 이런 의문들을 하나하나 풀어가면서 축적된 정보와 실험 결과를 바탕으로 이 책을 펴내게 되었다.

발효는 미생물이 하는 것이다. 사람은 미생물이 활발하게 활동할 수 있는 조건을 만들어주는 보조자다. 우리 집 부뚜막에서 발효식초를 직접 만들어 먹으면서 온 가족의 건강을 챙기는 기술을 익힐 수 있다면 이보다 더 좋은 건강 서적이 또 있을까?

이 책은 그동안 자연발효식초 제조의 성공과 실패의 경험을 오롯이 기록한 발효식초 기술서이자, 초보자들도 쉽게 식초를 만들 수 있는 기술을 알려주는 대중서다. 여기에 소개된 각종 식초 레시피를 따라 하다 보면, 어느새 식초 전문가로 변해 있을 독자를 생각하면 설렘이 앞선다. 처음엔 실패해도 의욕을 잃지 말고 문제점을 찾아가며 계속하다 보면 성공률이 높아지고 자연발효식초 빚기의 재미에 푹 빠질 것이다. 이때쯤 건강기능성을 보탠 부재료도 바꿔보며 나만의 자연발효식초를 빚을 수 있게 될 것이다.

1907년 조선총독부의 주세법 공포로 집집마다 빚어왔던 가양주의 맥이 끊긴 지 100년의 세월이 흘렀다. 술을 기반으로 하는 발효식초는 자연히 우리 식탁에서 사라졌고, 그 자리를 신맛이 강한 빙초산과 주정식초가 꿰차면서 우리의 전통곡물발효식초의 명맥은 사실상 끊겼다. 이제는 국민 건강을 위해서도 자연발효식초가 식탁에 단골 고객으로 자리 잡게 해야 한다. 이 책이 자연발효식초의 대중화에 조금이라도 기여할 수 있다면 더 이상 바랄 것이 없다.

2016년 1월

율방 백 용 규

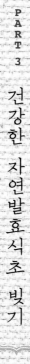

직접 빚은 발효식초를 맛보는 백용규 필자

PART 1

자연발효식초로 바꾸는 삶

식초는 약 1만 년의 역사를 갖는 식품이다. 술을 발효시켜 얻은 식초는 건강과 미용을 지키는 특별한 음식으로 대접받아왔다. 우리나라의 경우 근대를 거치면서 쇠퇴했던 식초 문화가 현대에 와서 그 가치가 재평가되면서 식초 부흥의 시대가 도래하고 있다. 과연 어떤 식초를 건강한 식초라고 할 수 있으며, 어떻게 먹는 것이 좋은 것일까. 자연발효식초를 제대로 아는 것이 먼저다. 자연의 기운을 품고 자연 속에서 서서히 익어 신비한 맛을 내는 자연발효식초를 아는 것이야말로 건강을 지키고 삶을 바꿀 수 있는 현명한 방법이다.

최초의 조미료에서
최고의 건강식품으로

　자연발효식초는 술을 초산발효시켜 얻은 발효액이다. 술에 들어 있는 에틸알코올(에탄올)이 초산균에 의해 산화되면 초산(아세트산 acetic acid)을 만드는데, 이때 알코올 성분이 사라지면서 시고 톡 쏘는 맛의 식초가 된다. 우리 옛 조상들은 탁주(막걸리)나 청주를 용기에 붓고 발효에 적당한 온도와 공기를 제공해 누구나 식초를 만들어 먹었다. 보관하던 술의 맛이 변하면 그것을 버리지 않고 음식에 사용하면서 인류 최초의 조미료가 된 것이다. 그 기원이 1만 년을 거슬러 오른다. 기록을 살펴보면 기원전 5000년경 바빌로니아 고문서에서 식초에 관한 최초의 기록을 찾을 수 있다. 구약성경과 신약성경에도 식초에 관한 기록이 나오는데, 특히 예수님이 마지막으로 마셨던 물이 신 포도주, 즉 식초라고 기록되어 있다. 그때에도 식초가 기력을 회복하는 데 도움을 주는 식품이라고 생각했던 것이다. 또 고대 이집트의 왕실에서도 식초를 사용한 기록이 여러 차례 발견되는데, 그중 클레오파트라가 식초에 녹인 진주를 마셨다는 것은 잘 알려진 이야기다. 한편 '의학의 아버지'라고 불리는 히포크라테스는 환자를 치료할 때 식초를 사용하여 식초가 최초의 의약품이라는 수식어를 얻었다. 이러한 서양의 고문헌을 종합해보면 식초는 오랫동안 건강과 미용을 위한 특별한 식품이었다는 것을 알 수 있다.

동양의 기록을 보면 식초를 뜻하는 醋(초 초, 술 권할 작)와 酢(초 초)가 중국 한나라 시대 이후의 문헌에 많이 보인다. 초醋가 식초를 의미하기도 하고, 동시에 술을 권한다는 의미가 포함되어 있어 술과 식초는 일상생활 속에 깊이 자리 잡고 있었던 것으로 보인다. 술의 역사를 4~5천 년으로 추정한다면 식초食醋도 상고 시대, 또는 그 이전부터 이용했을 것이다. 기록에 의하면 중국은 3천 년 전부터 쌀식초를 만들어 먹었고, 일본 역시 오래전부터 식초 기술을 발전시켜왔다. 우리나라의 식초 역사는 삼국 시대에 시작되었다고 추정하지만, 언제부터였는지 정확하지 않다. 다만 술의 역사가 식초의 역사와 맥락을 함께한다면 그보다 훨씬 이전인 상고 시대부터 식초를 먹었다고 추정한다. 특히 우리나라는 주酒류, 식초류, 된장이나 간장과 같은 장류, 김치와 같은 침채沈菜류, 젓갈이나 식해와 같은 해류 등의 발효식품이 발달해왔기 때문에 식초는 아마도 다른 발효음식들과 함께 발전해왔을 것이다.

식초에 관한 기록이 많지는 않지만 몇몇의 고문서에서 짧은 기록을 찾을 수 있다. 백과사전 격인 이수광의 『지봉유설』과 역사서인 한치윤의 『해동역사』, 최초의 의방서인 『향약구급방』에서 식초를 조미료와 약으로 사용한 기록이 보인다. 본격적으로 식초 제조법이 일반인들에게 알려진 것은 세종대왕 이후로 추정하는데, 조선 시대의 생활경제 백과사전이었던 『규합총서』에 쌀식초 제조법에 대한 내용이 다음과 같이 기술되어 있다.

'정화수 한 동이에 누르게 볶은 누룩 가루 4되를 섞어서 오지항아리에 단단히 봉해두었다가 정일에 찹쌀 한 말을 백세하여 쪄서 더울 때 그 항아리에 붓고 복숭아 가지로 잘 젓고 두껍게 봉하여 볕이 잘 드는 곳에 두면 초가 되느니라.'

전통적인 자연발효식초 제조는 이렇게 간단하게 설명할 수 있다. 눈여겨보아야 할 것은 정화수를 사용하고 날을 정해 초를 빚을 만큼 선조들이 식초를 특별하고 귀중한 식품으로 생각했다는 것이다. 아마도 발효에 많은 변수가 작용하니 많은 정성을 들였던 것은 분명하다.

초두루미

한편 허준의 『동의보감』에도 '식초는 풍風을 다스린다', '고기와 생선, 채소 등의 독을 제거한다'라는 내용이 기록되어 있다. 이 외에도 『동국세시기』, 『열왕세시기』, 『경도잡지』 등의 고문헌에 가정에서 식초를 이용하는 요리와 풍습을 전하는 것으로 보아, 우리가 생각하는 것보다 훨씬 이전부터 식초를 많이 사용했다는 것을 알 수 있다.

그것을 방증하는 것이 '초두루미'다. 조선 시대 중기에 각 가정에서는 '초두루미'라는 식초 발효 용기를 사용했다. 두루미의 모양을 닮아 붙여진 '초두루미'는 공기의 흐름과 온도를 잘 조절해 식초 발효에 최적의 조건을 만들었다. 이는 식초가 생활 전반에 자리 잡았다는 것을 미루어 짐작하게 한다.

　이렇게 오래전부터 발달해왔던 식초 문화는 일제 강점기를 거치면서 쇠퇴했다. 1907년 조선총독부가 세금을 걷는 수단으로 주세법과 주세령을 공포했기 때문이다. 이는 술 빚기 면허를 갖지 못한 자가 술을 제조하면 벌금을 부과한다는 내용으로, 결과적으로 우리 민족의 고유문화인 전통주 문화를 말살하기에 이른다. 1917년부터는 자가양조를 전면 금지하고 주류 제조업자만이 술을 만들어 팔 수 있도록 했다. 어머니와 할머니가 특별한 날마다 빚어왔던 술을 법으로 만들지 못하도록 한 것이다. 술을 빚지 못하니 식초 또한 만들 수 없는 것은 당연했다.

　8·15 해방과 한국전쟁 그리고 격변기를 거치면서 1960~70년대에는 먹을 것이 귀하던 시절이어서, 쌀로 술을 빚고 식초를 빚었던 것을 밀가루로 대체하게 됐다. 그런데 그것마저도 수입 밀가루로 대체되면서 전통주의 뿌리가 사라졌다. 이렇게 마을마다 집안마다 이어져 내려왔던 가양주 제조의 명맥이 끊겨 1995년 주세법이 개정될 때까지 약 80년간 전통주는 역사 속으로 사라졌다. 때문에 식초는 단지 신맛을 내는 조미료로 전락해, 석유에서 추출한 빙초산이라는 화학물질을 물에 희석한 합성식초가 일반화되었다. 다행히 최근에 건강에 대한 관심이 높아지고 자연발효식초가 재조명되어 좋은 식초들을 다양하게 볼 수 있게 됐다.

POINT 발효식품의 정점, 식초

곡물이나 과일이 발효가 되면 술이 되고, 술이 발효가 되면 식초가 된다. 식초를 계속 발효시키면 물로 변한다. 발효가 몸에 유익한 물질이 생성되는 변화라고 한다면 물로 변하는 식초는 발효라고 할 수 없다. 결국 발효의 마지막, 정점은 바로 식초다.

식초의 종류

유기산이 살아 있는 발효식초

대한민국 식품공전에 따르면 발효식초는 '과실주, 곡물주, 주정(에틸 알코올)을 원료로 하여 초산발효한 액체에 과실착즙액 또는 곡물당화액을 혼합하여 숙성한 것'이고, 합성식초는 '빙초산을 먹는 물로 희석하여 만든 것'으로 되어 있으며 발효식초, 합성식초 모두 총산도는 4% 이상 이어야 한다고 명시되어 있다(단, 감식초는 총산도 2.6% 이상). 그렇다면 발효 식초와 합성식초가 어떻게 다른 것일까. 발효식초는 모두 몸에 이로운 것일까.

식초는 쉽게 말해 공기 중의 초산균이 알코올을 만나 신맛이 나는 초 산을 생성해낸 액체다. 실제로 알코올도수 6% 정도의 탁주를 병에 넣고 초파리가 들어가지 못하도록 입구를 솔가지로 막은 후 실내 온도 30℃ 정도의 따뜻한 곳에 두면 신맛이 나는 식초가 만들어진다. 초산균이 알

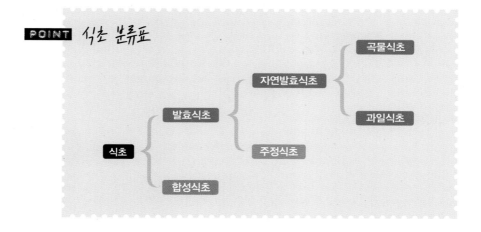

POINT 식초 분류표

- 식초
  - 발효식초
    - 자연발효식초
      - 곡물식초
      - 과일식초
    - 주정식초
  - 합성식초

코올을 먹고 초산을 만들어내는 과정에서 술 속에 있던 단백질, 필수아미노산, 무기질, 비타민뿐만 아니라 구연산, 사과산, 젖산, 호박산, 주석산 등의 여러 유기산들이 식초 속에 생성된다. 식초를 '인간이 만든 가장 좋은 물'이라고 하는 이유가 여기에 있다.

건강한 발효식초는 자연발효식초

발효식초는 과일주와 곡물주, 주정 등을 초산발효시켜 만든 것으로 이는 다시 주정식초와 자연발효식초로 나뉜다. 주정식초는 흔히 양조식초라고 하는데, 시판되는 식초는 대개 주정식초다. 주정식초란 식초를 빨리 만들기 위해 옥수수, 타피오카, 고구마, 감자 등을 이용해 만든 주정을 물로 희석한 다음 산소를 인위적으로 불어넣어 1~2일 만에 만들어내는 식초다. 주정이란 녹말 등을 알코올발효시킨 후 여러 번의 증류

POINT 숙성의 보고, 흑초

흑초는 색이 검은 식초다. 자연발효식초 속에 함유된 아미노산과 당이 높은 온도에서 결합하면 짙은 갈색으로 변한다. 이는 비효소적 갈변 현상으로 흔히 마이얄 반응(Maillard reaction, 메일라드 반응)이라고 한다. 다시 말해 오랜 시간 숙성의 과정을 거치면서 마이얄 반응에 의해 짙은 갈색에서 흑색으로 한다. 이때 고분자 물질들이 저분자 물질로 변하면서, 맛과 향이 좋아진다. 특히 항산화 물질이 풍부하게 생겨 흑초는 영양학적으로 매우 우수한 식초라고 평가받는다.

과정을 거쳐 만든 것으로 알코올도수가 매우 높은 알코올 원액이다. 2배 식초나 3배 식초도 알코올의 비율을 조정해 일반 식초보다 초산 함량을 늘린 것에 불과하다. 주정식초는 신맛 이외엔 아무런 맛과 향이 없기 때문에 곡물이나 과일의 농축액이나 당화액을 4% 이상 넣어 현미식초, 사과식초라는 이름으로 판매되고 있다. 주정식초에는 오랜 시간 충분히 숙성하고 발효한 자연발효식초 속에 들어 있는 다양한 유기산과 단백질, 아미노산, 비타민, 무기질 등의 함량이 현저하게 부족하다. 시판되는 식초의 식품표시라벨에 주정과 주요(발효술덧)라는 표기가 되어 있으면 주정식초이지, 자연발효식초가 아니라는 것을 알아두어야 한다.

자연발효식초는 원료에 따라 다시 곡물식초와 과일식초로 나눌 수 있다. 곡물식초는 찹쌀이나 멥쌀, 현미, 보리와 같은 곡식으로 만들기 때문에 각종 유기산과 함께 단백질, 아미노산, 비타민, 무기질이 풍부하다. 과일식초 역시 다양한 유기산을 갖고 있는 데다 과일 고유의 상큼한 맛과 향을 갖고 있는 것이 특징이다.

이와 같이 자연발효식초는 합성식초나 주정식초와 달리 몸에 좋은 영양 성분이 다량 함유되어 있다. 살균과 해독에 관여하는 초산을 비롯해 구연산, 사과산, 젖산, 호박산, 주석산 등 약 60여 가지의 유기산이 들어 있다. 이 유기산들은 에너지를 내고 혈액 순환을 원활하게 한다. 자연발효식초가 영양학적으로 우수하다는 것은 이와 같은 유익한 성분들의 체내 활동으로 알 수 있다.

좋은 식초를 마시고 싶다면 원료의 깊은 맛과 향, 영양이 살아 있는 자연발효식초를 골라야 한다. 원재료의 영양과 함께 아름다운 빛깔이 녹아들어 있으며 물로 희석했을 때에도 신맛이 부드럽고 향기가 나면 좋은 자연발효식초라고 볼 수 있다. 일반적으로 총산도가 5~6%이고 pH가 3.0~4.0, 당도가 5 브릭스 이상으로 숙성이 충분하게 이루어진 식초가 좋다.

안전성이 검증되지 않은 합성식초

합성식초의 대표적인 성분은 빙초산 glacial acetic acid 이다. 빙초산은 석유에서 초산을 뽑은 다음 그 속의 중금속을 제거하여 만든 것으로, 주로 공업용으로 쓰인다. 초산(아세트산, acetic acid, CH_3COOH)이 99% 이상인 순수 초산으로 16.7℃에서 얼기 때문에 빙米 얼음 초산이라는 이름이 붙었다. 이렇게 석유에서 추출한 빙초산은 중금속을 제거하고 글루타민산, 호박산, 인공감미료 등의 여러 식품첨가물을 더해 식품으로 활용하고 있다. 중금속을 제거했다고 믿고 먹을 수 있는 것은 아니다.

빙초산의 초산 원액은 강산성이기 때문에 일반인들이 사용하면 위험하다. 일본과 유럽권에서는 공업용으로만 허가되어 섬유염색제나 제초

제 등으로 사용하는 독극물에 가깝다. 하지만 우리나라는 식품첨가물로 허가되어 있고, 가격이 저렴하고 적게 넣어도 신맛이 나기 때문에 아직도 많은 식당과 업체에서 사용하고 있는 것이 사실이다.

횟집에서 많이 먹는 초장과 각종 무침 요리, 튀김닭과 먹는 무절임이나 피자와 먹는 오이 피클, 김밥 단무지, 그 외 여러 가지 시판 드레싱에 아직도 빙초산이 들어가는 곳이 허다하다. 식품첨가물로 허가되었지만 안전성이 확인되지 않은 빙초산의 섭취는 주의가 필요하다.

신맛만 내는 주정식초

|

식품 제조 공정상 현미, 사과 등의 원재료가 4% 이상만 들어가면 원재료명을 사용할 수 있기 때문에, 현미나 사과로 술을 빚어 만들어진 식초가 아니더라도 현미식초나 사과식초라는 이름을 사용한다. 그러나 사실 4%의 원료만으로는 자체적으로 발효가 일어나지 않아 주정을 넣는다. 주정을 희석하여 빠른 시간 내 초산만 만들고, 여기에 첨가물을 더해서 식초를 만드는 것이 주정식초. 흔히 양조식초라고 표기되어 있는 시판 식초는 주정식초라고 볼 수 있다.

식초의 식품표시라벨에 주정이나 주요(발효술덧)라는 표기가 있으면 자연발효식초가 아니라 단지 신맛만 내는 조미료인 주정식초라고 보면 된다.

지역마다 발달한 식초가 다르다

세계에는 약 4천여 종의 식초가 있다. 나라, 지역, 기후에 따라 생산되는 곡물과 과일의 종류가 다르기 때문에 전통주도 각기 달라 식초도 각양각색이다. 프랑스와 이탈리아처럼 고온건조한 지중해 연안의 날씨에서는 포도의 당도가 높기 때문에 포도로 만든 술(와인)이 발달했고, 식초 역시 포도로 만든 식초가 많이 만들어졌다.

서양의 식초 하면 포도식초나 발사믹식초를 꼽는 것도 식초의 영어식 표현인 vinegar(비니거)의 어원이 프랑스어인 vin(뱅, 와인)과 aigre(에그레, 신맛)에서 왔기 때문이다. 다시 말해 식초는 '신맛이 나는 포도주'에서 기원했음을 알 수 있다. 한편, 미국의 경우 신대륙 개척 시 사과나무를 많이 심어 사과식초가 발달했고, 맥주가 유명한 독일과 영국에서는 맥아식초가 대중적이다.

우리나라와 중국, 일본의 경우에는 여름과 가을철에 습도가 높아 과일의 당도가 높지 않다. 때문에 습도가 높을 때 번식하기 좋은 곰팡이균을 이용해 곡물로 술을 빚어 곡주가 발달했다. 우리나라는 조선 시대부터 주로 찹쌀로 술을 빚어 탁주, 청주, 소주가 발달했고, 주로 탁주를 이용해 식초를 만들었다. 중국에서는 쌀식초가, 일본에서는 흑초가 발달한 것도 이러한 지역적 특성에 기반한다.

POINT 세계인의 입맛을 사로잡은 발사믹식초

고급 식초 하면 떠오르는 발사믹식초는 이탈리아 모데나 지방에서 재배되는 포도의 품종으로만 만든 식초다. 여러 종류의 나무로 만든 통에서 오랜 시간 숙성을 거듭하면서 색이 짙은 흑갈색이 되고 새콤달콤한 맛을 낸다. 발사믹식초의 최저 숙성 기간은 12년으로 정해져 있고, 25년 이상 숙성시킨 발사믹식초가 맛과 향이 가장 좋은 것으로 알려져 있어 장인 정신의 산물이라고 불린다. '발사믹balsamic'이란 향기가 좋다는 뜻이다.

자연발효식초를
먹어야 하는 이유

만성피로와 만성스트레스 해소에 좋다

식초를 마시고 가장 빠른 변화를 느낄 수 있는 건 몸의 활력이다. 몸 속에 젖산이 쌓이면 피로를 느끼고 이것이 뇌를 자극해 정서를 불안정하게 만든다. 또한 젖산은 단백질과 결합해서 근육을 딱딱하게 하여 근육통을 발생시키고, 어깨 결림이나 요통, 동맥경화를 일으키기도 한다.

식초는 젖산이 쌓이는 것을 방지해 피로를 예방하는 데 효과적이다. 또 초산이 스트레스를 해소하는 부신피질 호르몬의 분비를 촉진해 몸의 긴장과 스트레스를 완화시킨다. 특히 유기산은 혈관을 넓혀 혈액 순환을 원활하게 하는데, 혈액 순환이 좋아지면 젖산이 쌓이지 않아 피로를 느끼지 않게 된다. 혈액 순환이 좋아지면 눈 주위 혈관의 혈류가 좋아져서 눈의 피로도 줄어든다. 또 연약하고 민감한 안구 세포를 안정시키고 망막을 청결하게 해주어 눈의 피로와 백내장을 예방하는 데도 효과가 있다.

칼슘 흡수율을 높인다

식초는 체내 장기나 성분의 기능을 높여주는데 그중 탁월한 것은 칼슘의 흡수율을 높이는 것이다. 칼슘이 부족하면 골다공증은 물론이고 신경통, 관절염 등이 생기며, 심하면 불면과 신경쇠약, 치매 등을 일으킬 수 있다. 혈액 속에 든 칼슘은 혈액을 알칼리성으로 유지하는 역할을 하여 피가 산성화되면 이를 중화해준다. 그러나 안타깝게도 식품을 통해 몸속으로 들어온 칼슘은 100% 온전히 흡수가 되지 않는다. 더군다나 체내에 있는 칼슘은 많을 때는 몸 밖으로 배출되지만 부족하면 뼈에서 이를 보충하려는 성질이 있어 관절염이나 골다공증 등의 뼈 이상 질환을 유발한다. 더 큰 문제는 뼈에서 녹아내린 칼슘은 동맥에 쌓이면 동맥경화를, 뇌혈관에 쌓이면 뇌졸중을, 간에 쌓이면 담석 등의 악성 질환을 일으킨다는 점이다. 식초야말로 칼슘 섭취를 가장 효과적으로 하도록 돕는 방법이다. 식초에 든 유기산, 특히 구연산은 고기나 채소 등에 들어 있는 칼슘을 끌어내는 힘이 있어 칼슘의 체내 흡수율을 높여주므로 칼슘이 든 음식을 먹을 때는 식초와 함께 먹는 것이 좋다.

때문에 성장기 어린이들에게 식초를 먹이면 뼈와 골격을 튼튼하게 하고, 임신한 여성이 먹으면 태아에게 칼슘을 보충해줄 수 있다. 특히 수유기에 칼슘 섭취가 부족하면 치아가 약해질 수 있으므로 칼슘 섭취를 소홀히 해서는 안 된다. 갱년기 여성은 호르몬의 양이 줄어들면서 칼슘이 배설되는 양이 많아 골다공증의 위험이 있으므로 칼슘 섭취는 필수다. 그 밖에 노인들이나 만성 음주·흡연자, 육식이나 인스턴트 음식을 즐기는 이들도 반드시 칼슘을 보충해야 한다.

몸이 산성화되는 것을 막는다

식초는 신맛이 나기 때문에 흔히 산성 물질로 알고 있지만, 몸속에서는 산을 중화하고 혈액과 체액의 pH를 유지하는 알칼리성으로 작용한다. 몸이 산성화되면 인체의 모든 기능이 저하되어 갖가지 질병에 노출된다. 그러나 현대인의 몸은 쌀밥이나 육류와 같은 산성 음식의 지나친 섭취, 과도한 스트레스, 운동 부족, 오염 식품 섭취, 약물 복용으로 산성화되어 있는 것이 일반적이다. 식초를 꾸준히 섭취하면 산성화된 몸을 중화하고 알칼리성 체질로 바꿀 수 있다.

암 발병 원인인 활성산소를 제거한다

활성산소는 체내의 대사 과정에서 생기는 부산물이다. 그런데 이 활성산소는 우리 몸의 생체 조직을 공격하고 세포를 손상시키는 유해 물질이다. 몸에 활성산소가 많으면 각종 질병에 쉽게 노출되고 심지어 암에 걸리기도 한다. 자연발효식초 속엔 항산화 효소가 있어 활성산소를 제거함으로써 피를 맑게 하고 혈액 순환을 도와 각종 성인병과 암을 예방해준다. 특히 간암, 위암, 대장암, 유방암에 효과가 있다.

한편, 과일이나 채소를 충분히 섭취하면 좋은 콜레스테롤HDL을 늘리고, 나쁜 콜레스테롤LDL은 줄여주기 때문에 혈압을 낮추고 혈관 벽을 강하게 만들 수 있고, 식초 속의 유기산은 동맥을 보호하고 나쁜 콜레스테롤을 억제한다. 특히 청주를 발효시킨 식초에 많은 펩타이드peptide 성분은 혈압을 낮추는 데 큰 효과가 있고, 간의 해독을 도와 간을 튼튼하게 해준다. 또 잇몸 출혈과 치주병, 괴혈병을 예방하는 데 좋고 유기산이 부족한 남성에게서 나타나는 정자 결손도 줄일 수 있다.

염분을 배출시킨다

콜레스테롤이나 소금의 과다 섭취는 고혈압을 유발하기도 하지만 비만의 원인이 되기도 한다. 식초에 든 유기산은 혈관 속의 혈액의 흐름을 원활하게 하여 고혈압을 예방하고, 지방 분해를 촉진해서 비만을 예방하는 데 도움을 준다. 한편, 이뇨 작용을 도와 체내의 불필요한 염분을 배설시킨다.

무기질과 비타민의 흡수를 높인다

비타민은 몸의 여러 가지 생리·기능을 조절하고 효소의 기능을 도와 물질대사를 촉진한다. 무기질은 효소나 호르몬의 보조 인자로 작용하고 체액의 삼투압과 pH를 유지한다. 비타민과 무기질은 에너지원으로 사용되지는 않지만 결핍 시엔 여러 가지 건강상의 부작용을 초래하므로 매일 음식으로 보충해주는 것이 좋다.

식초 자체에도 비타민과 무기질이 풍부하지만, 음식과 함께 먹으면 음식 속에 들어 있는 무기질과 비타민의 소화 흡수를 돕기도 한다. 특히 비타민 C가 파괴되지 않도록 보호해준다.

면역력을 높인다

혈액 속에 든 백혈구는 세균이나 바이러스를 물리치는 역할을 하기 때문에 백혈구가 건강하면 면역력이 높아진다. 림프구는 백혈구의 한 종류로서 전체 백혈구 중 약 25% 정도를 차지한다. 림프구는 면역 반응을 담당하는데, 자연발효식초를 섭취하면 림프구가 많이 만들어져 백혈구의 면역 기능을 향상시킨다. 유기산은 바이러스에 대한 항생물질이 들어 있어, 부족하면 몸의 면역력이 떨어진다. 감기에 걸렸을 때 식초를 마시면 이러한 항생물질이 풍부해져 피로를 없애고 혈액 순환을 좋게 하여 바이러스의 활동을 차단하는 효과가 있다.

미용에도 탁월한 효과가 있다

몸의 노화와 생사는 활성산소와 항산화 효소의 싸움이다. 나이가 들거나, 음식을 많이 먹거나, 유산소 운동을 너무 과하게 하면 활성산소가 많이 생성되는 바람에 항산화 효소만으로 분해하지 못해 노화가 찾아온다. 식초 속에는 항산화 물질이 다량 존재하므로, 꾸준히 복용하면 활성산소를 제거해 노화를 예방하고 건강을 유지할 수 있다.

한편, 식초는 신진대사를 촉진하고 장의 기능을 강화해 영양분의 소화와 흡수를 돕는다. 특히 장내 유해균을 사멸시켜 변비와 치질 등을 예방하는 효과가 있다. 장의 기능을 도와 소화 기능과 관계 있는 피부에도 좋은 영향을 주는데, 혈관을 확장시켜 피부 세포에 영양을 원활하게 공급해 멜라닌 세포의 대사를 돕는다. 신진대사가 활발해지면 피부색이 밝아지고 트러블성 잡티도 예방할 수 있다.

피로를 해소하는 식초의 대사 과정, 구연산 회로

음식이 분해 과정을 거쳐 세포호흡인 구연산 회로(TCA회로)를 돌면 에너지를 낸다. 하지만 과도한 운동으로 산소가 부족하다면 피루브산에서 아세틸CoA로 가지 못하고 근육 속에 젖산으로 쌓인다. 이렇게 근육 속에 젖산이 쌓이면 에너지를 많이 생성하지도 못하지만, 무엇보다 쌓인 젖산에 의해 근육 경직이 발생하여 어깨 결림이나 근육통, 피로감 등을 느끼게 된다. 결국 건강하기 위해서는 근육에 쌓이는 젖산을 줄여야 하며 '구연산 회로'를 잘 돌게 해야 한다.

구연산 회로를 잘 돌게 하는 방법은 비타민 B복합체를 많이 섭취하여 효소 활성을 좋게 만들고, 포도당이나 식초 등의 좋은 기질을 많이 섭취하며, 적당한 운동을 통해 에너지를 소비하는 것이다. 따라서 유기산이 풍부한 식초를 꾸준히 마시면 피로를 해소하는 데 도움을 준다. 실제로 피로할 때는 소변이 탁한데, 식초를 마시고 2시간 후쯤 소변을 보면 맑아진 것을 확인할 수 있다.

POINT *구연산 회로*

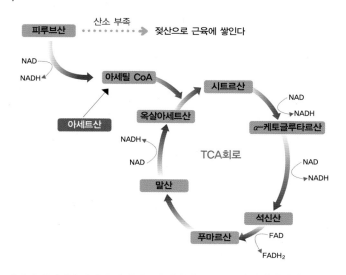

술을 빚기 위해 수곡을 만들고 있다. 수곡은 끓여 식힌 물에 누룩 가루를 1시간 이상 담근 것이다.

PART 2

자연발효식초 A to Z

자연발효식초는 하루아침에 만들어지는 것이 아니다. 오랜 시간의 발효와 숙성을 더해 맛과 향이 깊어지고 좋은 물질들만이 남는다. 만 뿌리의 산삼보다도 한 병의 식초가 더욱 훌륭하다는 현인들의 말은 빈말이 아니다. 자연발효식초는 알코올발효와 초산발효까지 두 번의 발효 과정을 통해 완벽한 물질이 된다. 식초를 빚는다고 표현하는 것은 마치 떡이나 술을 빚듯이 오랜 시간과 정성이 깃들어야 하기 때문이다. 충분한 기다림으로 자연을 닮은 자연발효식초의 모든 것을 담았다.

자연이 주는 시간을 기다려 얻는
자연발효식초

예부터 우리나라는 집집마다 술을 빚었기에 '가양주家釀酒, 집에서 빚은 술'
라고 불렀다. 전통주는 쌀, 보리, 조, 수수 등의 곡류를 주원료로 하고
누룩곰팡이를 번식시킨 누룩을 사용해 독특한 향취가 난다. 그러나 집
집마다 빚는 방법이 달랐기 때문에 맛과 향, 알코올도수까지 제각각이
어서 식초의 맛도 모두 달랐다. 그것은 '발효'라는 자연발생적인 화학
반응 때문이다.

자연계에는 효모나 곰팡이, 세균과 같은 다양한 미생물이 있다. '발
효'란 미생물의 효소가 작용하여 유기물이 분해되는 생화학 반응이다.
'발효'와 '부패'는 같은 원리로 작용하지만 '발효'는 인간에게 유익한
물질 또는 의도하는 물질이 만들어지는 것인 반면 '부패'는 유해 물질
또는 의도하지 않는 물질이 만들어지는 것이다.

옛날에는 식초를 만드는 과학적 원리들을 알지 못했어도 식초가 어
떻게 만들어지는지는 알았던 것 같다. 집에서 만든 가양주를 따뜻한 부

보통 알코올이라고 불리는 에탄올이 효소 작용에 의해 아세트알데히드를 만들고 다시 효소 작용에 의해 아세트산, 즉 초산을 만든다. 일반적으로 시중에서 판매되는 식초를 양조식초(주정식초)라고 하는데, 이는 고구마나 감자, 타피오카 등으로 술을 만들어 에탄올 100%인 주정을 만들고 이것을 물로 희석한 후에 산소를 빠르게 공급해 1~2일 만에 만든 식초. 이렇게 만들어진 양조식초(주정식초)는 대부분 초산만이 존재하기 때문에 현미당화농축액이나 농축사과과즙 등의 여러 가지 첨가물로 맛을 낸 현미식초, 사과식초로 포장한다.

또 총산도를 12~13%가량으로 높여 2배 식초를 만드는 것이다. 젖산, 구연산, 사과산, 주석산 등의 유기산이 풍부한 자연발효식초와, 단지 초산과 당화액만으로 만든 주정식초는 만들어지는 과정과 영양 성분에 현격한 차이가 있음에도 불구하고 식품공전에 모두 발효식초라고 명시되어 있는 것이 안타깝다.

뚜막 위에 두었다가 맛이 변해 신맛이 나면 이를 음식에 넣어 조미료로 활용했을 것이다. 이것이 순수한 자연발효식초다.

공기 중에 있는 초산균이라는 미생물은 번식하기 좋은 온도나 환경만 주어진다면 어느 곳이든지 잘 살 수 있다. 그러므로 자연이 주는 시간을 오롯하게 기다리며 얻어야 한다. 이렇게 빚은 자연발효식초는 곡물이나 과실 등의 원료가 갖고 있는 단백질, 아미노산, 무기질, 비타민 등의 영양 성분이 풍부하게 들어 있고 초산과 구연산, 사과산 등의 유기산을 다량 함유하고 있다.

'발효'와 '숙성'의 긴 시간 동안 고분자가 저분자로 변하는 과정에서 맛과 향이 좋아지고 식초의 신맛도 부드럽게 된다. 그러므로 주정을 희석하여 초산을 만들어 갖가지 식품첨가물을 넣는다고 해도 자연이 주는 느린 시간 동안 발효와 숙성으로 만들어진 자연발효식초의 영양적인 가치를 흉내 낼 수 없다.

두 번의 발효로 빚어지는
자연발효식초

알코올발효 술 빚기

식초는 술로 만든다. 즉 술만 있으면 식초가 된다는 얘기이기도 하다. 그러므로 술에 따라서 식초의 맛과 향, 산미도 다르다. 식초는 술로 빚고 술은 누룩으로 빚으니 누룩과 술은 식초의 기본이라고 할 수 있다.

술을 빚으려면 알코올을 만들어내는 효모가 필요하고, 효모가 자라려면 효모의 먹이인 당이 필요하다. 당에는 주로 포도당과 과당, 엿당, 자당 등이 있는데, 전통주의 알코올은 찹쌀이나 현미, 멥쌀 등의 전분을 누룩곰팡이의 효소에 의해 포도당으로 분해해서 얻은 것이다. 찹쌀이나 현미, 멥쌀 등을 고두밥으로 만들면 곰팡이의 효소에 의해 분해가 잘된다. 이렇게 분해가 잘되도록 하는 것을 '호화'라고 하고, 분해가 안 되는 것을 '노화'라고 한다. 다당류인 전분이 분해효소(아밀라아제)에 의해 분해되어 단당류인 포도당이 되는 것을 '당화'라고 한다. 우리가 밥을 한참 씹다 보면 단맛이 나는데, 이것은 침 속에 있는 아밀라아제라는 전분 분해효소가 밥을 당화해서 포도당으로 바꾸었기 때문이다. 전분이 포도당으로 변하면 효모라는 미생물이 포도당을 먹고 알코올을 만들어낸다. 이것이 알코올발효이며 알코올발효가 일어나면 술이 된다.

보통 당분의 90%는 알코올(에탄올)을 만드는 데, 나머지 10%는 부산물을 만드는 데 이용한다. 이런 다양한 대사 산물과 부산물이 술의 맛을 결정하는 중요한 성분이 된다. 글리세린은 부드러운 맛을, 이산화탄소는 상큼한 맛을, 에스테르나 퓨젤오일이라 불리는 고급알코올은 술의 복잡미묘한 맛을 더한다.

이렇게 누룩곰팡이의 효소와 효모의 작용으로 당화와 알코올발효가 일어나는데, 이들이 모두 들어 있는 것이 '누룩'이다. 좋은 식초를 빚으려면 좋은 술이, 좋은 술을 빚으려면 좋은 누룩이 필요한 것이 이것 때문이다.

POINT 알코올발효통 속의 화학 반응

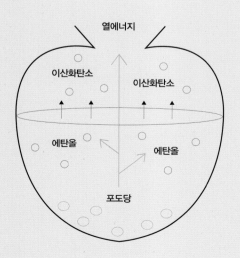

술 빚을 때 꼭 알아두기

술을 만들어내는 효모는 포도당과 과당, 엿당 그리고 백설탕인 자당을 알코올로 만들 수 있다.

전통주의 알코올발효에 관여하는 효모는 사카로마이세스 세레비제 *Saccharomyces cerevisiae*다. 효모는 산소가 있을 때는 에너지 효율이 높지만 알코올을 생산해내지 못하고, 산소가 없을 때는 에너지 효율이 낮지만 알코올을 생성해내므로 알코올발효를 하려면 산소를 차단해야 한다.

POINT 알코올발효통 속의 미생물의 역할

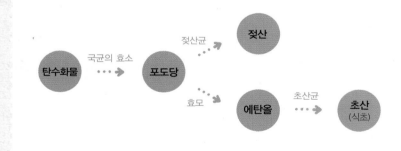

우리 옛 문헌들에는 술맛을 '시큼털털하다', '고주^{苦酒}다'라고 표현한 기록이 보인다. 아마도 우리 조상들은 술을 빚으면서 미생물과 온도 관리, 산도 조절 등을 잘 하지 못했던 것이 아닐까. 술을 빚으면서 젖산균이나 초산균에 의해 산패가 일어나 신맛이 나는 술을 마셨던 것으로 생각된다. 김치에 일어나는 발효로 잘 알려진 젖산(유산)발효는 젖산균이 당을 먹이로 젖산을 만들어내는 것으로, 좋은 술을 만들기 위해 꼭 필요한 발효다. 젖산균은 초산균을 비롯한 잡균들을 억제하고 술의 감칠맛을 증가시키는 역할을 한다. 그러나 젖산발효가 너무 강하게 일어나면 술에서 신맛이 나고 효모도 잘 자라지 못한다. 초산균에 의해 발생하는 초산은 술맛을 시게 하여 술을 빚는 데 가장 나쁜 영향을 미친다. 알코올발효를 하면서 술의 맛을 보았을 때 아주 강한 신맛보다는 요구르트의 맛처럼 신맛과 단맛이 함께 나면 젖산발효와 알코올발효가 잘 일어나서 미생물이 잘 번식하고 있다고 생각하면 된다.

젖산막

음주용 술을 빚을 땐 젖산발효는 약하게 일어나고 초산발효는 일어나지 않도록 하는 것이 중요하다. 이 부분이 음주용 술의 성공 여부를 결정짓는 가장 중요한 과정이라고 할 수 있다. 왜냐하면 많은 사람들이 신맛이 나는 술을 좋아하지 않기 때문이다. 하지만 식초용 술을 빚는다면 술에서 신맛이 나도 문제가 되지 않는다. 이 신맛의 정체가 바로 초산발효에서 만들어내고자 하는 초산이거나 젖산일 가능성이 높기 때문이다. 그러나 젖산발효가 너무 강하게 일어났다면 초산발효를 진행할 때 우량한 초산균(종초)을 넣어주어야만 초산발효가 잘 진행된다. 여기서 식초를 만들기 위해 초산균이 번식하였다면 '발효'라고 하지만, 음주용 술을 빚었는데 초산균이 번식했다면 '부패' 했다고 하며 이 경우를 특히 '산패' 되었다고 한다.

초산발효 식초 빚기

낮은 도수의 술을 빚은 후 뚜껑을 열어 공기를 통하게 두면 술맛이 시어진다. 이것은 공기 중에 있던 초산균이 알코올(에탄올)을 초산으로 바꿔놓았기 때문이다. 다시 말해 식초는 곡물이나 과실류의 당을 효모가 알코올로 만들고 초산균이 알코올을 먹고 초산을 만드는 것이다. 이렇게 초산균이 알코올을 산화시켜 초산을 만들면서 방출되는 에너지로 살아가는 과정을 '초산발효'라고 한다. 초산발효는 알코올이 산화하여 초산과 물로 분해되면서 에너지를 생성하는 발효이므로, 식초를 만들기 위해서는 산소를 충분히 공급해주어야 한다.

일반적으로 초산균이 좋아하는 알코올의 도수는 6~8%이고, 이렇게 해서 빚은 식초의 총산도는 보통 5~6%이다. 과학이 발달하기 이전에는 초산균을 자연에서 주는 대로 얻었지만, 지금은 초산균을 배양해 더욱 빠르게 양질의 식초를 얻을 수 있게 됐다.

POINT 식초가 되기까지의 발효 과정

당화 작용   알코올발효   초산발효

전분 (탄수화물) ···▶ 포도당 ···▶ 알코올 (에탄올) ···▶ 초산 (식초)

효소 (아밀라아제)   효모   초산균

여러 가지 초산막

초산균은 막을 만들어내는 산막균이다. 현미식초를 정치발효(발효통을 흔들지 않고 초산발효하는 방법)할 때 생기는 초산막은 처음엔 살얼음이 어는 것처럼 얇다가 일주일이 지나면 하얀 눈이 내린 듯 두툼해진다. 다시 몇 주가 흐르면 가장자리부터 녹는 것처럼 가라앉는다. 하지만 식초를 만드는 재료에 따라 초산막의 형태는 매우 다양하기 때문에 일률적으로 말할 수 없다.

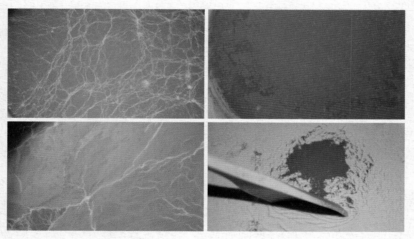

다양한 초산막

이것도 초산막? 셀룰로오스

초산균에는 셀룰로오스cellulose를 만드는 균도 있다. 식초를 빚다 보면 표면에 물컹한 막이 형성되는데 이것이 셀룰로오스다. 셀룰로오스는 식물섬유에서 얻어지는 천연다당류다. 셀룰로오스가 생겼다고 해서 식초가 되지 않는 것은 아니다. 일반적으로 유럽권에서 만드는 와인식초는 셀룰로오스를 생산하는 초산균이 쓰인다. 특히 과일로 식초를 빚거나 과일 농장 주변에서 식초를 빚을 때 주로 발견된다.

셀룰로오스

셀룰로오스를 만들어내는 초산균의 종류에는 아세토박터 자일리넘^{Acetobacter}

xylinum과 아세토박터 파스퇴리아누스^{Acetobacter pasteurianus}, 아세토박터 한세니이

Acetobacter hansenii 등이 있는데, 이들이 초산을 만들어내면서 균체에서 셀룰로오스

를 분비한다. 이때 생산되는 셀룰로오스는 식물의 셀룰로오스와는 달리 불순물

이 많지 않은 고순도의 셀룰로오스로 '세균 셀룰로오스' 또는 '바이오폴리머^{bio-}

^{polymer}' 라고도 하며 고강도, 보수성, 안정성 그리고 결착성 등의 특징을 갖는 소

재다.

이것은 다양한 용도로 활용이 가능해 21세기 첨단 소재로 이용될 전망이

다. 현재 일본에서는 셀룰로오스를 이용한 음향진동판 스피커를 만들고 있고

미래엔 창상 보호제, 피부 대용제, 인공 혈관, 저칼로리 음식 등으로 사용될 예

정이다.

POINT 정치발효법과 통기발효법

전통적으로 식초를 만드는 방법으로는 정치(靜置, 고요한 상태로 두는 것)발효법,
통기(通氣, 공기가 통하도록 하는 것)발효법이 있다. 정치발효법은 가장 기본이 되
는 발효법으로, 발효통을 흔들거나 초산막을 깨뜨리지 않고 그대로 둔 채 초산발
효를 시키는 방법이다. 이 발효법은 공기가 자연적으로 순환하게 두어 초산균을
끌어들인다. 통기발효법은 발효통을 흔들거나 자주 저어서 초산막을 깨뜨려 공기
를 인위적으로 순환하게 하여 발효시키는 방법이다. 식초의 맛과 영양에 큰 차이
를 주지는 않으므로 어느 발효법이 더 좋다고 할 수 없다. 한편, 이 두 가지 발효
법을 병행해 며칠 간격으로 발효통을 흔들어 초산막을 깨뜨려서 산소를 공급하는
방법도 있다.

식초 빚기
기본 과정

step 1 술 빚기

술의 주성분인 알코올은 에탄올이라는 성분이다. 우리나라 주세법에 의하면 알코올의 농도가 1% 이상인 것을 술이라고 한다. 식초를 목적으로 술을 빚을 때와 술을 목적으로 빚을 때 약간의 차이가 있지만 좋은 술이 좋은 식초를 만드는 것은 주지의 사실이다. 술을 잘 빚게 되면 식초를 빚는 것도 그만큼 쉬워진다. 초산균이 좋아하는 알코올도수는 6~8%이므로 여기에 맞추어 술을 빚으면 원하는 산도의 식초를 얻을 수 있다.

우리의 전통식초는 곡물식초이므로 곡물을 이용해 술을 빚고 식초를 빚는다. 술을 먹는 것이 목적이라면 담금의 횟수를 많이 한 이양주, 삼양주 등의 술을 빚어야 좋은 술이 만들어지지만, 식초를 빚는 것이 목적이라면 한 번 담금한 단양주로도 좋은 식초를 빚을 수 있다.

재료

(약 10 L의 현미식초를 빚을 때)
현미 5 kg
누룩 1.5 kg
생수 20 L

수곡하기

1. 믹서에 곱게 간 누룩과 끓여 식힌 물(또는 생수)을 넣고 잘 저어 수곡을 만든다. 수곡은 누룩을 끓여 식힌 물에 누룩을 1시간 이상 담가두었다가 사용하는 것을 말한다.

POINT 술을 빚을 때 재료들의 비율이 중요하다

술을 빚을 때 고두밥과 누룩, 물의 비율이 적정해야 한다. 누룩이 너무 많다면 발효는 잘 이루어지지만 누룩 냄새가 많이 나고, 물의 양이 많다면 젖산균의 활동이 강하게 일어나서 초산발효에 문제가 생길 수 있으므로 주의한다.
그러나 식초를 목적으로 술을 빚는다면 누룩은 곡물 양의 30%를 사용하고 물은 곡물 양의 4배를 사용한다. 이렇게 빚어진 술의 알코올도수는 6% 전후이므로 물로 희석하지 않고 곧바로 초산발효에 들어갈 수 있다.

고두밥 찌기

1. 현미 5 kg을 씻어 4일 이상 물에 충분히 불린 후 체에 밭쳐 30분가량 물기를 뺀다.

2. 불린 현미는 김이 나는 찜통에 올려 1시간가량 찐다.

3. 차게 식힌다.

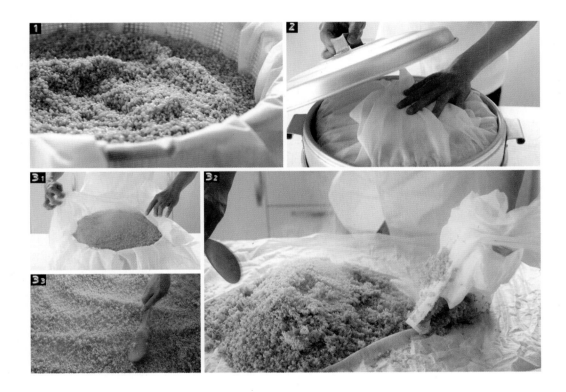

발효통에 넣고 알코올발효하기

1. 차게 식힌 고두밥과 수곡을 넣어 섞는다.
    손바닥으로 고두밥을 비벼주면 알코올발효가 잘된다.

2. 소독한 발효통에 수곡과 혼합한 고두밥을 넣는다. 벌레는 들어
    가지 못하고 탄산은 나올 수 있도록 뚜껑을 돌려 닫은 후 마지
    막에 한 바퀴 풀어둔다. 2~3일 정도 지나면 발효통에서 탄산
    가스가 배출되면서 소나기가 오는 듯한 소리가 들린다. 탄산가
    스는 알코올이 만들어지고 있다는 신호다.

POINT 알코올발효통 뚜껑 열어두기

알코올발효를 할 때엔 용액이 끓어오르기 때문에 용기의 70%까지만 채우고 30%는 빈 공간으로 남겨
두어야 한다. 알코올발효 시 알코올이 생기면서 이산화탄소도 같이 생기기 때문에, 용기를 완전히 밀폐
하지 않고 탄산가스가 나올 수 있도록 용기의 뚜껑을 어느 정도 열어두는 것이 좋다. 예를 들어 옹기에
넣고 발효를 한다면 옹기의 입구를 벌레가 들어가지 못하게 면보로 덮어 고무줄로 동여매고 뚜껑을 덮
어둔다. 유리병에 넣고 발효를 한다면 뚜껑을 완전히 닫은 상태에서 한 바퀴만 돌려서 열어놓는다.

3 . 실내 온도를 22℃(품온 25℃)에 맞춘다.

4 . 매일 한 번씩 4일간 저어준다.

5 . 면보에 술지게미를 넣고 체에 밭쳐 주물러 짜낸다.

6 . 채주한 술을 유리병에 붓는다.

7 . 1~2주일이 지나면 탁주 가루는 유리병의 아래로 가라앉는다.
   이때 위쪽의 맑은 청주만을 따라내어 초산발효에 들어간다.

POINT 술 빚을 때의 온도

품온을 25℃(실내 온도 22℃)로 유지하면 젖산발효가 적절하게 이루어져 잡
균의 번식을 억제하고 효모를 잘 생육시킨다.

품온이 30℃ 이상 계속되면 젖산균이 왕성하게 자라고 효모가 급격하게 노
화되어 술이 시어지므로 주의해야 한다.

저온발효와 숙성으로 고급 청주를 빚을 때는 고두밥을 넣고, 처음 2일간 품온
을 30℃로 유지하다가 온도를 낮추어 다음 1~2주일간은 품온 25℃, 1~2달간
품온 18℃를 유지하다가 채주한 뒤 3~4달간 품온 4℃를 유지한다.

술의 분류

술을 거르는 방법에 따라

청주

완성된 술을 그대로 두었을 때 위쪽에 생기는 맑은 술, 또는 술을 채주하고 저장한 뒤 위쪽에 생기는 맑은 술을 청주라고 한다. 주세법으로는 곡류와 누룩으로만 빚은 술을 청주라고 하고, 쌀 이외의 부재료인 과일이나 한약재, 채소류 등이 포함된 술을 약주라고 한다.

탁주

술을 채주하여 탁주 가루와 혼합하여 탁하게 먹는 것을 탁주라고 한다. 이화주와 같은 탁주는 양반들이 즐겨 마셨던 고급 술이다. 이화주는 물을 많이 넣지 않고 빚어서 걸쭉한 것이 특징이다. 흔히 먹는 막걸리는 발효통에서 용수를 이용하여 탁주 또는 청주를 걸러내고 남은 술지게미에 물을 부어 짜내어 먹었던 술이다. 현재 시중에 판매 중인 막걸리는 술을 빚어 알코올도수를 6~8%로 낮추고 비발효당으로 단맛을 추가하여 탁하게 만든 술이다.

증류식 소주

청주를 끓이면 물보다 끓는점이 낮은 알코올이 기체가 되어 날아가다가 차가운 물과 만나 액체가 된다. 그것이 알코올인데, 알코올을 한 방울 두 방울 받아낸 것이 증류식 소주다. 증류식 소주는 알코올도수가 높은 것이 특징으로, 주로 개성과 안동, 제주도 지역에서 발달했다. 대표적으로 안동소주와 제주 고소리술 등이 있다.

희석식 소주

희석식 소주는 감자나 고구마, 옥수수, 타피오카 등을 이용해 술을 빚고 그 술로 주정을 만들어 물과 희석해 만든 술이다. 주정은 연속식 증류법에 의해 만든 에탄올 95% 이상의 술을 말한다. 주정과 물을 섞어 희석한 다음 맛내기를 위해 여러 첨가물을 넣어 만든다. 주로 가격대가 낮은 소주가 여기에 속한다.

양조주(발효주)

곡물의 경우엔 당화와 알코올발효로 만든 술이고, 과일의 경우엔 알코올발효만 시킨 술이다. 주로 알코올도수가 낮은 술(19% 이하)로 청주, 탁주, 맥주, 포도주 등이 여기에 속한다. 전통주로는 약재를 넣어 약효를 높인 약용곡주와 향을 좋게 만든 가향곡주, 과일을 넣어서 빚은 과일주 등이 발효주에 속한다.

증류주

양조주(발효주)의 청주를 증류하여 만든 술로, 주로 옹기와 나무통에 저장해 맛과 향을 높인다. 주로 알코올도수가 높은 술로 증류식 소주와 위스키, 브랜디, 보드카 등의 술이 여기에 속한다. 전통주를 증류한 술은 순곡증류주, 약용증류주, 가향증류주로 나뉘는데, 순곡증류주로는 안동소주, 문배주, 삼해소주, 홍주, 찹쌀소주, 보리소주, 옥수수소주 등이 있고, 약용증류주로는 섬라주, 죽력주, 진도홍주, 이강주 등이 있으며, 가향증류주로는 감홍로와 천축주, 토밥소주 등이 있다.

혼양주

양조주(발효주)에 증류주와 부재료를 넣어 알코올도수를 높이고 향이나 맛, 색을 좋게 만든 술이다. 알코올 함량이 높은 편으로 리큐어가 여기에 속하고, 전통주로는 매실주, 과하주, 송순주, 미림주, 강하주 등이 있다.

POINT 막걸리는 전통주가 아니다

'막걸리'라는 이름은 막 걸렀다는 말에서 가져왔다. 전통적으로 '막'이라는 글자가 들어간 것은 서민들이 사용한 것이 많다. '막사발'이나 '막국수' 등이 그 예다. 막걸리는 주로 양반들이 청주를 먹고 난 후 남은 지게미를 하인들이 받아 물을 섞어 걸러 먹은 술이다. 일제 강점기에 일본인들이, 양반들이 즐겨 먹었던 우리의 고급 전통주인 청주와 소주, 탁주들을 말살하고 '술도가'를 통하여 '막걸리'를 만들어 팔게 했다. 그래서 우리는 '막걸리'가 우리의 전통주라고 착각하며 살고 있다.

발효 방법에 따라

우리의 전통주와 위스키, 브랜디, 사케, 와인, 맥주, 소주 등 알코올이 들어 있는 것은 모두 술이라고 부르지만, 술을 만드는 방법은 여러 가지다. 당화와 알코올발효를 해야 술이 되는 것도 있고, 당화 과정 없이 알코올발효만 해도 술이 되는 것이 있다. 또 당화를 해야 하는 술 중에는 당화가 일어나고 알코올발효가 진행되는 술도 있고, 당화와 알코올발효가 발효통 속에서 동시에 일어나는 술도 있다.

포도, 복분자 등의 과일에는 단당류인 포도당과 과당이 많은데, 이렇게 포도당과 과당이 효모에 의해 알코올이 되어 곧바로 술이 되는 것을 단발효주라고 한다. 쌀, 보리, 밀 등의 곡류는 포도당으로 만들어주는 당화 과정을 거친 뒤 알코올발효가 일어나는데 이를 복발효주라고 한다. 복발효주의 경우 맥주처럼 당화와 알코올발효가 완전히 분리되어 일어나는 단행 복발효주가 있고, 우리의 전통주처럼 당화와 알코올발효가 동시에 진행되는 병행 복발효주가 있다.

담금 횟수에 따라

전통주를 빚을 때 곡류와 누룩, 물을 넣어 한 번만 빚은 다음 채주해 먹는 술을 단양주라고 한다. 누룩을 많이 넣으면 발효가 잘되고 알코올도수도 높은 술이 되지만, 많이 넣을 경우 누룩 냄새가 강해 전통주 본연의 맛과 향을 느낄 수 없다. 그러므로 밑술로 미생물의 개체수를 늘린 후 덧술을 하여 알코올도수도 높이고 맛과 향을 좋게 만든다. 밑술이나 덧술을 하는 것을 담금이라고 하는데, 담금의 횟수를 늘릴수록 미생물들의 개체수가 많아지고 그만큼 당화와 알코올발효가 잘 일어나 수많은 미생물들이 각자의 발효에 참여해 술맛이 깊어진다. 때문에 단양주보다는 이양주나 삼양주의 술맛이 더 좋다. 밑술에 덧술을 1회 한 것을 이양주라고 하고, 밑술에 덧술을 2회 한 것을 삼양주라고 한다. 이렇게 사양주, 오양주, 십이양주의 술이 빚어진다.

step 2 식초 빚기

초산균은 알코올도수가 6~8%인 술에서 품온을 30~35℃로 맞춰주면 잘 번식하지만, 알코올도수가 10% 이상이거나 4% 이하이고, 온도가 15℃ 이하이거나 40℃ 이상이면 초산발효가 잘 일어나지 않는다. 초산발효가 일어나더라도 아주 천천히 진행되어 잡균에 오염되기 쉽고 식초의 품질이 떨어질 수 있다.

초산발효를 시작하고 처음 일주일가량은 술 냄새가 강하게 나고, 2~3주째는 눈이 따가울 정도로 식초의 향이 강하고, 3~4주째는 식초의 향이 약해지다가 산도가 떨어지는 순간부터 쿰쿰한 냄새가 난다. 초산발효가 끝난 후 숙성을 위해 다른 용기에 식초를 옮겨 담을 때 만들어진 식초의 일부를 발효통에 남겨두면 다음 식초의 초산발효 시 '종초>참고 005쪽'로 사용할 수 있다. 숙성시키는 식초는 산소가 들어가지 않도록 완전히 밀폐하고 서늘한 곳에 보관한다.

【 식초 빚기 실전 】 현미식초 초산발효 과정

1. 소독한 발효통에 알코올도수가 6~8%인 청주를 붓고 입구를 면보로 씌워 공기가 통하도록 둔다.

초산발효 5일째

초산발효 10일째

초산발효 20일째

2. 초산발효하기에 최적의 품온인 30~35℃가 되도록 맞추고 40℃ 이상 올라가지 않도록 한다. 초산발효가 시작되고 가급적 빠른 시간 안에 품온을 30℃ 이상으로 올려주는 것이 좋다. 발효통을 전기방석 위에 올려놓고 이불이나 담요 등으로 감싸두면 품온을 높일 수 있다.

3. 초산발효가 시작되면 표면에 막이 생긴다. 그 막이 '초산막'이어야 하는데, 젖산막이거나 곰팡이막, 셀룰로오스일 수 있다. 육안으로 보아 표면이 살얼음이 어는 것처럼 생겼으면 초산막, 거품처럼 울퉁불퉁하면 젖산막, 털과 같은 것이 생겼다면 곰팡이막, 해파리처럼 물컹한 덩어리로 되었다면 셀룰로오스일 가능성이 높다.

4. 현미식초의 경우 초산막이 점점 두툼해지다가 초산발효가 끝나는 시점이 되면 가장자리부터 초산막이 얇아지기 시작한다.

5. 초산발효를 시작하면 산도 측정을 자주 하는 것이 좋다. 초산발효가 진행되면 알코올도수는 낮아지고 총산도는 점점 높아진다. 총산도가 계속 올라가다가 더 이상 올라가지 않고 2~3

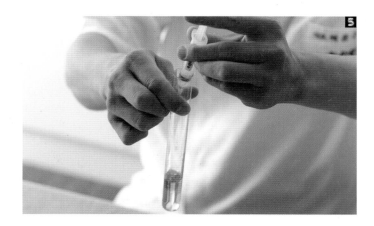

일가량 똑같이 유지되거나 갑자기 낮아지면 초산발효가 끝난 것으로 보고 산소 공급을 차단하여 초산발효를 중단하고 숙성에 들어가야 한다. 이때 발효를 멈추지 않으면 총산도는 계속 낮아지고 초산균에 의해 초산이 재산화되어 결국 물이 된다.

6. 총산도를 측정할 수 없다면, 육안으로 보아 초산균막이 조금씩 아래로 가라앉거나, 맛과 향을 보아 더 이상 신맛이 강해지지 않으면 초산발효를 끝내고 숙성시킨다.

7. 초산발효가 끝난 식초는 숙성 용기로 옮기는 것이 좋다. 식초를 옮길 땐 숙성 용기에 빈 공간이 없도록 가득 채우고 산소가 들어가지 않도록 한다. 유리병일 땐 뚜껑을 닫아두면 되고, 옹기일 때는 입구를 비닐이나 랩으로 씌우고 고무줄로 묶은 후 뚜껑을 닫는다.

POINT 식초 빚기에서 가장 중요한 총산도 정점 파악하기

술에서 신맛이 나면 식초가 되었다고 보아도 좋다. 그러나 좋은 식초가 되려면 총산도>참고 005쪽가 5~6% 되어야 한다. 초산발효를 계속 진행하다 보면 어느 시점(총산도의 정점)에서 초산균(아세토박터 아세티$^{Acetobacter\,aceti}$)은 초산을 재산화하여 물과 이산화탄소로 만든다. 그러므로 총산도는 떨어진다. 결국 좋은 식초를 빚기 위해 가장 중요한 것은 총산도가 정점에 도달한 때를 파악해 발효를 멈추는 것이다. 만약 총산도가 정점에 도달하였는데도 계속 초산발효를 진행한다면 총산도가 급격히 떨어지면서 쿰쿰한 냄새가 나고 물이 되어버린다.

총산도의 정점을 파악하려면 총산도를 매일 측정해야 한다. 2~3일간 같은 값이 나오거나 급격히 떨어진다면 초산발효를 중단하라는 신호다. 일반적으로 알코올도수와 발효 온도, 종초 등 최적의 조건을 갖춘 상태라면 술의 양이 30~50 L인 경우엔 대략 20~30일 사이에 초산발효가 정점에 오르고, 술의 양이 10 L 이하라면 10일 만에도 정점에 오를 수 있다.

step 3 숙성·살균하기

신맛이 부드러워지는 숙성

숙성은 고분자가 저분자가 되는 과정이다. 저분자가 되면 갖가지 영양 성분들이 유기적으로 결합하면서 맛과 향이 깊어진다. 그뿐만 아니라 아미노산과 생리활성 물질의 함량도 높아진다. 총산도가 같더라도 숙성을 오래 한 것과 짧게 한 것은 맛과 향이 미묘하게 다르다. 초산발효를 끝낸 식초를 용기에 넣고 산소가 통하지 않도록 입구를 완전히 밀봉하여 실온 또는 서늘한 곳에서 최소 100일가량 숙성시키는 것이 좋다. 만약 흑초를 만들고자 한다면 따뜻한 곳에서 2~3년 숙성 기간을 거친다.

과발효를 막는 살균

남아 있는 여러 가지 균이 더 이상 발효를 하지 않도록 살균한다. 유리병에 식초를 넣고 70℃의 물에 20분가량 담가두면 살균이 된다.

POINT 숙성에 좋은 용기

숙성은 긴 시간이 필요하므로 용기가 견고하지 못하면 식초가 용기 밖으로 샐 수 있다. 식초를 숙성하는 데 좋은 용기는 전통 옹기다. 식초용 옹기는 숨을 쉬지 않고 단단하게 잘 구워져 새지 않는 것이어야 하므로 믿을 만한 업체의 것을 선택해야 한다. 집에서 먹을 소량의 식초를 빚는다면 유리병에서 숙성시킬 것을 권한다.

숙성과 살균 처리하지 않은 식초

초산발효가 끝난 상태의 식초도 자연발효식초라고 할 수 있지만, 좀 더 좋은 품질의 식초를 만들기 위해서는 숙성의 단계를 거치는 것이 좋다. 하지만 처음 식초를 빚는다면, 숙성 과정과 살균 처리 과정을 생략하고 초산발효가 끝난 식초를 유리병에 넣어 서늘한 곳이나 냉장고에 보관하면서 음용하거나 음식에 넣어 먹어도 문제없다. 이 경우엔 살균 처리를 하지 않았기 때문에 초산균이 활동할 수 있으므로, 공기가 통하지 않도록 뚜껑을 꼭 닫아 냉장고에 보관하면서 사용한다.

술에 따른 식초 빚기

단양주 — 다양주

단양주로 초산발효하기

고두밥과 누룩, 물을 섞어 한 번 만에 빚은 술을 단양주라고 한다. 고두밥과 누룩, 물의 비율에 따라 단양주의 알코올도수는 6~11%가 나오므로 약간의 물을 추가하여 초산균이 좋아하는 알코올도수인 6~8%에 맞추어 초산발효를 진행한다. 실제 알코올도수가 10%인 단양주 1L에 물 0.6L를 섞으면 알코올도수가 대략 6%인 술이 만들어지므로 초산발효를 진행할 수 있다.

다양주로 초산발효하기

여러 번에 걸쳐 밑술과 덧술을 진행해 알코올발효를 시키면 높은 도수의 술이 빚어진다. 여기에 물을 더하여 초산균이 좋아하는 알코올도수인 6~8%에 맞추어 초산발효를 진행한다.

청주 — 탁주

청주로 초산발효하기

청주로 초산발효를 하면 후에 여과 공정이 쉽고 깔끔한 맛을 낸다. 초보자의 경우 청주로 발효하는 것이 실패 확률이 적다.

탁주로 초산발효하기

탁주로 초산발효를 하면 후에 여과 공정이 까다롭지만 깊은 맛을 낸다. 다만 경험이 풍부해야 원하는 맛과 향의 식초를 얻을 수 있다는 단점이 있다.

이상 발효가 일어날 수 있다

　　모든 발효식품이 그러하듯 발효식초를 빚는 것도 생각처럼 쉽지 않다. 책에 있는 대로 초산균이 좋아하는 알코올도수와 온도를 맞춰 산소를 공급하면 될 것 같지만 생각처럼 초산균이 잘 자라주지 않는다. 도심에서 우량한 초산균을 기대하기 어렵고, 초산발효 과정에서 초산균만 활동을 하는 것이 아니라 젖산균이나 곰팡이균 등이 함께 자라므로 어떤 균이 초산발효에 더 큰 영향을 줄지 모르기 때문이다. 만약 초산균보다 다른 균들의 활동이 강해지면 원하는 좋은 식초를 만들기가 쉽지 않다. 흔히 술은 잘 빚어지는데 식초는 빚기가 쉽지 않다고 말하는 것도 이 때문이다. 술은 빚은 후 조금 덜 달거나 조금 쉬어도 마실 수 있지만, 식초는 초산균이 산도를 높이지 않으면 만들어지지 않기 때문이다.

　　술과 식초를 빚을 때 가장 신경이 쓰이는 초산균과 젖산균은 서로 보완관계에 있기 때문에 한쪽의 힘이 세지면 다른 한쪽은 힘이 약해지는 특성이 있다. 알코올발효를 할 때는 젖산균의 힘을 빌려 초산균을 막아주어야 하지만, 초산발효를 할 때는 초산균이 자리를 잡고 있어야 다른 잡균이 힘을 키우지 못해 원하는 식초를 빚을 수 있다. 만약 젖산균이나 곰팡이균과 같은 잡균이 번식했다면 신맛은 나지만 산도는 높지 않고, 묽은 유산균 음료처럼 되어 부패하거나 결국 물이 되어버린다.

초산발효 기간 중 잡균 등에 오염돼 이상 발효가 나타난 현상

성공 확률 높이는
식초 빚기 노하우

종초 넣기

식초를 실패하지 않고 잘 빚을 수 있는 가장 좋은 방법은 우량한 초산균이 왕성하게 번식하고 있는 '먼저 만들어진 식초', 즉 '종초'를 사용하는 것이다. 식초를 빚을 술에 종초를 넣으면 젖산이나 다른 잡균이 자리 잡기 전에 우량한 초산균이 먼저 자리를 잡아 다른 잡균의 증식을 사전에 차단하고 초산균의 증식을 왕성하게 한다. 또 이상 발효를 막고 잡균 오염을 예방할 수 있기 때문에 초보자의 경우 반드시 종초를 넣고 식초를 빚는 것이 좋다. 그러므로 살균이나 멸균 처리하지 않은 우량한 종초를 사용하는 것이 안전하다. 초산발효를 시작할 때 종초를 넣으면 총산도가 2% 이상 되어 잡균에 오염되지 않고 발효를 잘 시킬 수 있다.

종초는 일반적으로 술 양의 10~30%가량 사용한다. 종초를 넣은 술의 총산도가 2%가 되면 초산발효가 안정적으로 진행된다. 이렇게 만든 식초는 다음 식초의 종초가 되기 때문에 한 번 잘 빚어놓으면 지속적으로 우량한 종초로 쓸 수 있다. 종초는 초산균이 살아 있는 식초이므로 종류에 상관없이 사용해도 좋다. 사과식초를 빚을 목적으로 현미식초 종초를 사용해도 좋다는 말이다. 이렇게 하면 사과식초에 현미식초의 영양이 더해진 식초가 만들어진다.

초산균이 좋아하는 온도 맞추기

미생물은 환경이 잘 갖추어져야 번식하므로 온도와 습도, 산소 공급 등의 조건을 잘 맞추는 것이 중요하다. 특히 온도는 술과 식초뿐만 아니라 누룩을 빚는 데에도 아주 중요하다. 초산균은 30~35℃의 온도에서 잘 자라며 40℃ 이상과 15℃ 이하에서는 잘 자라지 못하므로 술의 품온을 30℃로 유지시킨다. 전문 시설을 갖추어놓을 수 없다면 여러 가지 아이디어를 내서 미생물이 잘 번식할 수 있는 온도를 만들어준다. 온도가 잘 오르지 않는 겨울철에는 전기방석 위에 발효통을 놓고 담요나 수건 등으로 발효통 둘레를 덮어 발효시키면 품온을 잘 유지할 수 있다.

총산도 5% 이상이면 발효 끝내기

숙성을 하면 식초의 산도가 약간 떨어진다는 것을 감안해서, 산도가 최대한 올라갔다고 판단되었을 때 발효를 끝내고 숙성에 들어간다. 보통 총산도가 5% 이상 되었다면 발효를 끝내는 것이 좋다. 높은 산도를 얻고자 초산발효를 계속 진행한다면 갑자기 물이 될 수 있기 때문이다.

상품화를 목적으로 하는 식초라면 총산도가 적어도 5.5% 정도 되었을 때 초산발효를 멈추고 숙성에 들어가는 것이 좋다.

초산막으로 식초 상태 확인하기

정치발효를 한다면 초산막의 상태에 따라 식초의 현재 상태를 확인할 수 있다. 초산막의 형태는 식초의 원재료에 따라 매우 다양하므로 일률적으로 말할 수는 없지만, 현미식초의 경우 초산막이 점점 두꺼워지다가 가장자리부터 점점 얇아지면 초산발효가 끝나고 있다고 봐도 좋다. 만약 초산발효가 잘 되다가도 중간에 온도 관리를 잘못 하거나 잡균에 오염되면 초산막의 표면에 잡균이 생기기도 하므로 초산막을 자주 점검해야 한다.

식초 관능 검사 직접 하기

식초를 빚어본 경험이 풍부하다면 초산발효까지 끝난 식초의 품질을 맛이나 향으로 대략적인 평가를 할 수 있다. 하지만 경험이 부족하다면 식초가 제대로 빚어졌는지 객관적인 품질 검사를 통해 확인해보는 것이 좋다. 식초는 6~8%가량의 알코올도수를 가진 술로 빚으므로 술의 알코올도수를 확인하는 것이 먼저다. 그런 다음 초산발효 시 총산도를 측정해 5% 이상 되면 발효를 끝내고 숙성을 시킨다. 한편 과일이나 채소로 식초를 빚을 때는 당도에 따라 빚어지는 술의 알코올도수가 달라지므로 당도를 측정해야 한다.

알코올도수 측정

알코올도수를 측정할 때는 알코올도수 측정기와 비중계를 이용하는 방법이 있다. 정확한 알코올도수 측정기는 매우 고가이므로 보통 술을 증류한 후 비중계를 이용하여 알코올도수를 측정한다.

비중계를 이용한 알코올도수 측정하기

1. 기포와 불순물이 없는 맑은 술, 청주 100 mL를 메스실린더measuring cylinder 에 붓는다.

2. 메스실린더에 있는 청주를 플라스크flask에 붓고, 메스실린더에 정제수 15 mL를 넣고 흔들어 플라스크에 넣는 것을 두 번 반복한다. 이렇게 하면 플라스크에 100+15+15=130 mL의 청주와 정제수가 들어 있게 된다.

3. 90℃ 전후의 온도에서 플라스크를 가열해 증류주를 메스실린더에 70 mL 를 받는다.

4. 메스실린더에 증류수 30 mL를 넣고 술의 온도를 측정한다.

5. 비중계를 꽂아 수치를 읽는다.

6. 알코올분 온도 환산표>참고 184쪽를 이용하여 정확한 알코올도수를 산출한다.

총산도 측정

식초 빚기에서 가장 중요한 것은 총산도 측정이다. 총산도가 4% 이상(감식초는 2.6%) 되어야 '발효식초'라는 이름을 가질 수 있다. 총산도를 측정하는 기구는 따로 없고 화학약품을 사용해야 하므로 사전에 사용법을 잘 숙지하는 것이 좋다.

1. 1 mL용 주사기로 식초를 추출해 시험관에 넣는다.

2. 5 mL용 주사기로 정제수 5 mL를 시험관에 넣는다.

3. 페놀프탈레인($C_{20}H_{14}O_4$) 용액을 몇 방울 넣고 잘 흔든다.

4. 5 mL용 주사기(또는 피펫과 피펫펌프 이용)로 0.1 N(노르말) 수산화나트륨(NaOH) 용액을 조금씩 넣어가면서 시험관을 잘 흔든다.

5. 시험관의 용액이 분홍색으로 변하는 시점까지 사용된 수산화나트륨의 양(mL)을 확인한다.

6. 총산도는 사용한 수산화나트륨의 양(mL)에 0.6을 곱한 값에 %를 붙인 것이다.

ex. 0.1 N(노르말) 수산화나트륨 7 mL를 넣고 분홍색으로 변했다면 이 식초의 총산도는 7×0.6=4.2이므로 4.2%이고, 총산(초산으로서, w/v%) 또는 총산도 4.2%로 표기한다.

0.1 N(노르말) 수산화나트륨(NaOH:분자량 40) 용액 만들기

물 1 L에 $\dfrac{(\text{분자량})}{10}$ 을 녹인 것이 0.1 N(노르말)이므로 수산화나트륨(NaOH) 4 g을 정제수 1 L에 녹인 것이 0.1 N(노르말) 수산화나트륨(NaOH) 용액이다.

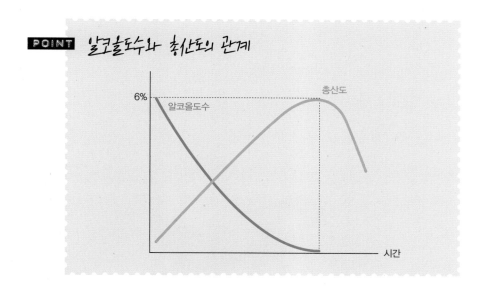

당도 측정

　　과일이나 술과 같은 액체의 당의 농도는 독일의 과학자 브릭스 _{Adolf F. Brix}의 이름을 따서 '브릭스^{Brix}'라는 단위를 사용한다. 브릭스는 용액 100 g에 들어 있는 당의 양으로, 대략 1 g의 당이 들어 있으면 1 브릭스, 대략 2 g이 있으면 2 브릭스라고 한다.

　　당도는 당도계가 있어 측정하기가 비교적 쉬운 편이다. 초산발효 후 식초에 남은 당을 측정할 때에도 좋다. 당도계는 용액을 20℃에서 비중을 측정하거나 굴절계로 용액의 굴절률을 측정해 결정한다. 당도계는 20℃를 기준으로 보정하며, 이물질과 기포가 없이 맑은 용액을 사용해야 한다. 용액이 탁하면 파란색과 흰색 선이 퍼지게 나타나고, 맑으면 일직선으로 선명하게 나타난다.

POINT 알코올도수와 총산도의 관계

6%

알코올도수

총산도

시간

알코올도수 측정계, 당도계, 산도 측정 도구 구입처
와인2080　www.wine2080.com　|　예스와인　www.yeswine.co.kr

자연발효제, 누룩

전통 자연발효식초는 누룩으로 빚은 술을 이용해 만들었다. 누룩은 술을 발효시키는 자연발효제로 술의 맛과 향을 결정짓는 중요한 재료다. 좋은 술이 좋은 식초를 만든다면 좋을 술을 만드는 재료인 누룩의 중요성도 빼놓을 수 없다. 누룩은 한 번 빚어서 냉동저장해두고 술을 빚을 때 사용할 수 있다.

누룩은 곡류를 반죽해 적당한 모양을 만드는데, 발로 밟아 성형을 하는 것이 일반적이어서 '디딘다'라고 말한다. 생곡류를 물과 섞어 반죽해놓으면 공기 중의 수많은 미생물이 자연적으로 서식한다. 이 중 곰팡이와 효모라는 미생물이 누룩 속으로 들어가 알코올발효에 주도적인 역할을 한다. 다시 말해 누룩은 전분을 포도당으로 바꿔주는 효소를 내는 곰팡이와, 알코올을 만드는 효모를 끌어들이는 집이고, 술은 당분이 효모라는 미생물에 의해 알코올로 변한 것이라고 할 수 있다. 이들 미생물은 인위적으로 접종을 한 것이 아니라 누룩의 제조 과정에서 자생한 야생균들이기 때문에 발효 진행은 복잡하지만 깊은 맛을 낸다. 누룩은 제조 지역과 제조 방법에 따라 미생물의 종류와 개체수도 각기 달라 지역마다, 집집마다 술맛이 다르고 식초 맛이 다르다.

누룩은 곰팡이와 효모를 끌어들이는 집

통밀로 빚은 누룩

밀가루로 빚은 누룩

쌀가루로 빚은 쌀누룩(이화곡)

밀누룩과 쌀누룩

전통적인 누룩은 밀을 거칠게 빻아서 밀가루를 제거하고 남은 밀기울을 이용했다. 하지만 요즘은 밀가루를 제거하지 않고 빻은 그대로 디디거나 밀가루만으로 디디기도 한다. 쌀누룩은 쌀가루로 만드는 것으로, 고급 탁주인 이화주를 빚기 때문에 이화곡이라고 한다. 밀누룩이나 쌀누룩이 술의 맛에 큰 영향을 주지는 않지만 술의 빛깔에는 차이를 보인다. 밀누룩을 사용한 술은 약간 노란색을 띠고, 쌀누룩을 사용한 술은 투명한 것이 특징이다.

> **쌀누룩 만들기**
>
> 쌀을 깨끗이 씻어 하룻밤 불린 다음 곱게 분쇄해 가루로 만드는 과정을 거쳐야 한다. 분쇄한 쌀가루에 끓여 식힌 물을 붓고 손으로 꼭꼭 뭉쳐 오리알 크기로 만든 다음 항아리에 솔잎을 겹겹이 깔고 그 위에 단단히 뭉쳐진 누룩을 가지런히 놓는다. 하루가 지나면 솔 향과 누룩 향이 난다. 푸른곰팡이가 피지 않도록 누룩의 위치를 자주 바꿔준다. 2주일 후에 발효를 끝내고 통풍이 잘되는 곳에서 1주일가량 건조시킨 후 햇볕에서 다시 2주일 동안 건조시킨다.

여러 가지 누룩

누룩은 사용 목적에 따라 약주용, 탁주용, 소주용으로 나뉘고, 사용되는 녹말의 원료에 따라 밀누룩, 쌀누룩, 보리누룩으로 나뉜다. 전통적으로 쌀이나 보리(대맥)보다는 밀을 이용한 밀(소맥)누룩을 많이 사용했다. 밀누룩은 통밀을 거칠게 분쇄하여 체로 쳐서 나온 고운 밀가루로 만든 분곡 또는 백곡, 빻은 밀을 체에 쳐서 밀가루를 제거하고 남은 찌꺼기인 밀기울로 만든 조곡이 있다. 일반적으로 조곡을 많이 쓰기 때문에 누룩 하면 조곡을 뜻하는 경우가 많다. 현대에 와서는 밀을 거칠게 빻아 밀가루를 제거하지 않은 상태로 누룩을 디딘다. 한편, 제조 시기에 따라 춘곡, 하곡, 추곡, 동곡이 있고, 부재료 첨가물에 따라 쑥누룩, 녹두누룩, 생강누룩 등이 있다. 때문에 각 지방마다 특색 있는 누룩이 있었다.

우리나라 누룩과 일본의 입국

일본식 누룩, 입국

일본의 전통주는 증기로 쌀을 찐 다음 배양된 누룩곰팡이를 선택적으로 접종해 발효시키는 입국을 사용한다. 누룩곰팡이로는 주로 노란색의 황국균이나 흰색의 백국균을 사용한다. 입국을 이용해 당화를 시키고 다시 효모를 투입해 빚는 일본 전통주 사케는 발효가 균일하게 일어나므로 맛과 향이 일관성은 있으나 깊은 감칠맛은 부족하다. 우리 전통주의 경우엔 원료를 찌지 않고 그대로 사용하고 야생에 있는 균을 그대로 증식시키기 때문에 맛이 일관성을 갖기는 어려우나 완성된 후에 독특한 맛과 향, 깊은 감칠맛이 난다.

좋은 누룩의 조건

습도가 높은 지역에서는 누룩을 얇게 빚고, 건조한 지역에서는 누룩을 두껍게 빚는다. 얇게 빚은 누룩은 짧은 시간에 발효가 끝나 빛깔이 곱지만, 외부의 수분이 빨리 증발해 당화력이 나빠질 수 있고 향미가 깊지 않으며 술지게미가 많이 나온다. 반면에 두껍게 빚은 누룩은 내부의 수분 발산이 어려워 썩기 쉽고, 품온이 높아 고온에서 자라는 미생물들이 다량 번식할 가능성이 높다. 누룩을 빚을 때 단단히 밟지 않으면 발효 과정에서 갈라지거나 부풀어 오른 부분에 위해한 미생물이 번식하기 쉽다. 누룩을 고를 때에는 다음과 같은 상태를 살피고 좋은 누룩을 고르도록 한다.

> **좋은 누룩**
>
> - 단면을 잘라보았을 때 내부까지 곰팡이 균사가 충분히 번식하고 황백색이나 회백색의 포자가 보여야 하며, 단면이 조밀하며 건조가 잘되어 있어야 한다.
> - 누룩에서 부패한 냄새나 메주 냄새가 나지 않아야 하고, 특유의 고소한 향이나 약한 곰팡이 냄새가 있어야 좋은 누룩이다.
> - 당화 효소의 활성이 높아 당화력이 300 SP 이상이어야 하며, 효모가 많이 증식되어 있어야 한다.

습도가 높은 지역에서 빚은 누룩　　　　내부가 건조되지 않은 누룩

누룩이 완성되면 더 이상 발효가 되지 않도록 최적의 상태를 유지하며 보관하는 것이 중요하다. 발효가 끝난 누룩은 통풍이 잘되는 그늘에서 1주일가량 건조시키고 햇볕에서 다시 2주일 동안 건조시킨다. 건조한 누룩은 절구통에 넣어 콩알 크기로 빻아 1 kg씩 소분해 밀봉한 다음 냉장실에 보관한다.

옛날에는 누룩을 분쇄한 뒤에 이슬을 맞히고 건조시켜 잡내를 없애는 법제 과정을 거쳤으나 요즘은 곡류의 품질이 좋아서 따로 법제 과정을 거치지 않아도 된다. 이렇게 보관한 누룩은 편의에 따라 분곡, 수곡, 주곡 등의 여러 가지 방법으로 사용한다.

분곡

누룩을 가루로 만들어 사용하는 것이다. 누룩을 잘게 분쇄해 사용할수록 당화와 발효가 빨라진다. 절구통에 넣고 찧어서 사용하는 것이 가장 좋지만, 일반 가정에서는 믹서에 넣고 곱게 갈아 사용하는 것이 편리하다.

수곡

물누룩, 물에 불린 누룩이라는 뜻으로, 누룩을 술 빚을 물에 미리 담가 충분히 불려 술을 빚는 방법이다. 이렇게 하면 누룩 속의 곰팡이균과 효모가 활성화되며, 젖산균의 생성이 빨라져 잡균의 번식과 오염균의 침입을 예방할 수 있다. 넉넉한 용기에 누룩 가루(분곡)를 넣고 물을 부어 주걱으로 풀어준다.

주곡

술누룩, 술에 불린 누룩이라는 뜻으로 누룩을 충분히 술에 불려 사용한다. 이렇게 하면 알코올 속에 누룩이 들어 있어 초산균의 활동을 억제하고 효모의 활동보다 당화 작용이 크게 일어나 단술을 빚을 수 있다. 이와 같은 원리로 만들어지는 술이 청감주다.

누룩 역시 발효의 산물이므로 기후, 습도 등의 주변 환경의 영향을 많이 받는다. 누룩은 곰팡이균이므로 온도와 습도가 높고 그늘진 곳에서 잘 번식한다. 옛날에는 곰팡이가 번식하기 좋은 여름철 초복과 말복 사이에 많이 빚었다고 한다. 보통 습도가 높을 때는 속이 썩지 않도록 얇게 디디고, 습도가 낮을 때는 약간 두껍게 디딘다. 누룩을 디딜 때는 이미 빚은 누룩, 씨누룩을 약간 더하면 발효가 더욱 잘되어 양질의 누룩을 빚을 수 있다.

쌀가루로 만드는 쌀누룩, 즉 이화곡은 성형틀에 넣지 않고 손으로 오리알 크기로 단단히 뭉치는 것이 일반적이다.

누룩은 많은 양을 만들어 보관해두고 술이나 식초를 빚을 때 필요한 양만큼 꺼내어 사용하면 좋다.

재료

통밀 1 kg, 생수 200~300 mL, 면보, 누룩틀

기본 디디기

1. 통밀 1 kg을 물에 씻어 거칠게 빻는다.

2. 빻은 통밀 가루에 끓여 식힌 물 200~300 mL를 넣고 밀이 수분을 흡수하도록 골고루 섞는다. 이때 씨누룩을 조금 넣는다.

3. 밀누룩은 움켜쥐었을 때 손가락 사이로 수분이 비어져 나오는 정도가 좋고, 쌀누룩은 가볍게 쥐어 형태가 유지되고 손가락으로 살짝 건드렸을 때 부서지는 정도의 수분이 적당하다.

4. 1 kg짜리 누룩틀(대개 1 kg으로 누룩을 빚는 것이 일반적이다)에 면보를 깔고, 통밀 가루 반죽을 손으로 꼭꼭 눌러 빈틈없이 넣는다.

5. 중앙에서 면보를 비틀어 꼬아서 발로 밟아 움푹하게 홈이 생기게 한다. 이 홈 때문에 중앙에 수분이 생기지 않아 썩는 것을 방지할 수 있다. 누룩틀이 없으면 높이 5 cm, 지름 20 cm가량의 그릇에 면보나 보자기를 씌우고 통밀 반죽을 소복하게 담아서 디딘다.

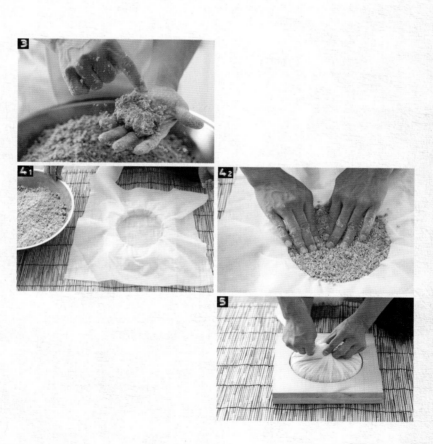

6. 누룩틀에 올라서서 발로 충분히 밟아 단단하게 만들어야 한다. 충분히 밟지 않으면 누룩이 갈라지고, 갈라진 부분이 빨리 말라 유익한 균들이 번식하기 어렵다.

7. 마른 볏짚이나 발을 깔고 그 위에 성형한 누룩을 올려둔다. 이렇게 하면 공기가 잘 통하고 습도를 유지해 미생물이 번식하기 좋다.

8. 품온 35℃ 전후를 유지하면서 앞뒤로 뒤집어 가며 2주일 정도 발효시킨다. 품온이 45℃ 가 넘지 않도록 한다. 이때 습도가 충분히 유지되어야 누룩곰팡이가 잘 자란다. 누룩을 띄우는 과정에서 미생물의 증식과 대사로 이산화탄소와 열이 발생해 누룩 전체가 따뜻해지고 수분이 증발하면서 누룩곰팡이가 번식한다.

9. 발효 3일째에 누룩을 만져보아서 따뜻하면 발효가 잘되고 있는 것이다. 2주 후에 누룩의 표면이나 단면에 회백색이나 황백색의 곰팡이가 골고루 퍼지고 누룩 특유의 향이 난다면 발효를 끝낸다.

10. 발효가 끝나면 통풍이 잘되는 그늘에서 1주일가량 건조시키고 햇볕에서 다시 2주일 동안 건조시킨다.

11. 완전히 건조된 누룩은 절구통에 넣어 콩알 크기로 빻은 뒤 밀봉한 다음 서늘한 곳이나 냉장실에 보관한다.

여름철에 디디기

1. 통밀 1 kg을 물에 씻어 거칠게 빻는다.

2. 빻은 통밀 가루에 끓여 식힌 물 200 mL를 넣고 밀이 수분을 흡수하도록 골고루 섞는다. 이때 씨누룩을 조금 넣는다.

3. 누룩틀에 면보를 깔고, 통밀 가루 반죽을 손으로 꼭꼭 빈틈없이 눌러 넣고 중앙에서 면보를 비틀어 묶는다.

4. 발로 충분히 밟아 단단하게 만든다.

5. 마른 볏짚이나 발을 깔고 그 위에 성형한 누룩을 올려놓은 뒤 그늘에서 하루 정도 둔다.

6. 2일과 3일째에 아침 10시부터 오후 3시까지 햇볕이 잘 드는 곳에 누룩을 놓고 2시간 간격으로 돌려가며 겉말림을 한다.

7. 4일째에 햇볕이 잘 드는 곳에 놓고 면보를 덮어 품온을 올린다. 이때 누룩의 품온이 45℃를 넘지 않도록 한다.

8. 다시 통풍이 잘되는 그늘에서 1주일가량 건조시키고 햇볕에서 다시 2주일간 건조시킨다.

9. 완전히 건조된 누룩은 절구통에 넣어 콩알 크기로 빻은 뒤 밀봉한 다음 서늘한 곳이나 냉장실에 보관한다.

POINT 누룩의 발효를 돕는 씨누룩

씨누룩은 누룩곰팡이와 효모가 많이 형성되어 발효가 잘된 누룩을 곱게 가루 낸 것이다. 누룩을 빚을 때 씨누룩을 넣으면 발효 기간도 단축할 수 있고, 잡균에 오염되지 않고 안전하게 좋은 누룩을 빚을 수 있다. 누룩을 빚을 때 거칠게 빻은 밀과 씨누룩을 혼합하고 물을 넣어서 골고루 섞은 후에 누룩틀에 넣고 디딘다.

겨울철에 디디기

1. 통밀 1 kg을 물에 씻어 거칠게 빻는다.

2. 빻은 통밀 가루에 끓여 식힌 물 200~300 mL를 넣고 밀이 수분을 흡수하도록 골고루 섞는다. 이때 씨누룩을 조금 넣는다.

3. 누룩틀에 면보를 깔고, 통밀 가루 반죽을 손으로 꼭꼭 빈틈없이 눌러 넣고 중앙에서 면보를 비틀어 묶는다. 누룩의 두께를 조금 얇게 해야 실패하지 않는다.

4. 발로 충분히 밟아 단단하게 만든다.

5. 마른 볏짚이나 발을 깔고 그 위에 성형한 누룩을 올려놓은 뒤 그늘에서 하루 정도 둔다.

6. 온도를 높이기 위해 몇 가지 방법을 사용한다. 박스에 동전 크기로 구멍을 내고 그 안에 전기방석을 깔고 누룩을 올려놓는다. 전기방석이 없다면 뜨거운 물이 담긴 페트병을 넣고 수시로 갈아주면 품온을 유지시킬 수 있다.

7. 1주일 동안은 아침과 저녁으로 환기를 하고 누룩도 자리를 옮기면서 뒤집어 준다.

8. 다음 1주일 동안은 하루에 한 번씩 아침에만 환기를 하고 뒤집는다. 이때 품온이 45℃를 넘지 않도록 한다.

9. 햇볕에서 다시 2주일 동안 건조시킨다.

10. 완전히 건조된 누룩은 절구통에 넣어 콩알 크기로 빻은 뒤 밀봉한 다음 서늘한 곳이나 냉장실에 보관한다.

우리나라 누룩의 역사는 삼국 시대로 거슬러 오른다. 고구려의 주몽 신화에 술에 관한 이야기가 실려 있고, 일본의 신화, 전설 등을 기록한 『고사기』에도 '백제 사람 인번이 일본에 건너와 누룩으로 술을 빚는 법을 가르쳐 일본의 주신이 되었다'라는 기록과 함께 '신라의 술맛이 좋다'라는 기록이 있는 것으로 보아 삼국 시대에 술을 빚을 때 이미 누룩을 띄워 사용했을 것이라고 추정한다.

누룩에 관한 기록은 조선 시대부터 비교적 상세하게 기록하고 있다. 강희맹이 엮은 『사시찬요초』에는 '누룩은 초복 직후에 빚는 것이 가장 좋으며, 이때 빚지 못하면 중복이나 말복 사이에 빚어야 한다. 누룩이 잘 뜨지 못하면 술의 질이 좋지 못하니 조심해야 한다. 누룩은 보릿가루 열 말에 밀가루 두 말을 혼합하고 녹두즙과 여뀌를 혼합해 반죽하고 틀에 넣어 발로 강하게 꼭꼭 밟아 성형한 뒤 연잎이나 창이(도꼬마리) 잎에 싸서 바람이 잘 통하는 그늘진 곳에 넣어 띄운다.'라고 기록되어 있다. 『교사십이집』에는 '밀과 밀가루, 녹두즙, 여뀌즙을 섞어 반죽하고 이를 잘 디뎌 성형한 후 연잎과 창잎에 꼭꼭 싸서 바람이 잘 통하는 서늘한 곳에 매달아 두고 10월에 갈무리를 하며, 누룩을 잘 디디기 위해서는 반죽을 되게 하여 꼭꼭 밟는다.'라고 기록되었다. 『음식디미방』에 기록된 이화곡은 '백미 세 말을 백세(깨끗하게 씻는 것)해 물에 하룻밤을 침지하고 다시 씻어 간 뒤 주먹만큼의 크기로 만들어 짚으로 싸서 더운 구들에 두고 자주 뒤져서 누렇게 뜨면 좋다. 껍질을 벗기고 가루를 내 사용한다. 처음에 만들 때 물을 많이 사용하면 썩어서 좋지 않다.'라고 기록되어 있다.

POINT **누룩을 전문으로 빚는 곡자회사**

누룩을 빚어 술을 빚고 식초를 빚으려면 많은 시간과 노력을 들여야 한다. 더군다나 도심 속에서 일일이 누룩을 빚어 자연발효식초를 만드는 것은 녹록지 않은 일이다. 그러므로 초보자의 경우 시판되는 누룩을 구입해 사용할 것을 권한다.

현재 공장에서 만들어지는 누룩은 국내산과 미국산 두 종류의 밀을 사용하고 있다. 공장마다 밀을 수동 반죽하여 직접 발로 밟아 성형하는 곳도 있고 기계식으로 반죽해 성형하는 곳도 있다. 대부분 누룩발효실의 내부 온도는 30~37℃가 되도록 관리한다. 건조된 누룩의 당화력은 300~400 SP이며, 누룩의 보관은 10℃ 이하에서 한다.

현재 누룩을 제조 판매하는 곳으로 송학곡자(062-942-8447), 진주곡자(055-753-4002), 산성누룩(051-517-5304) 등이 명맥을 이어가고 있다.

4일 이상 물에 불린 현미

PART 3

건강한 자연발효식초 빚기

자연발효식초가 어떻게 빚어지는지 알았다면 직접 빚어본다. 발효는 미생물에 의해서 이루어지는 일이므로 수많은 변수가 존재한다. 그러므로 여러 번 성공과 실패의 경험을 통해 자연의 이치를 알고, 발효의 메커니즘을 터득하는 것이 가장 중요하다.

처음 식초를 빚을 때는 술부터 빚으려고 하지 말고, 이미 빚어진 술을 이용해 초산발효부터 해볼 것을 권한다. 초산발효를 몇 번 해보면 발효가 어떤 것인지 알게 되고, 발효를 하기에 좋은 최적의 조건을 찾을 수 있다. 그런 다음 누룩을 빚어 좋은 술을 빚고, 나만의 좋은 식초도 빚을 수 있을 것이다.

발효
준비하기

종초 준비하기

미생물은 맑고 깨끗한 환경에서 유익균들이 많이 존재하므로, 공해로 오염된 도심에서는 좋은 균이 잘 살지 못한다. 초산균 역시 미생물이므로 도심에서 종초 없이 초산균의 번식을 기대하기가 어렵다. 종초란 초산균이 살아 있는, 미리 만들어진 자연발효식초다. 알코올발효가 끝난 술에 미리 만든 종초를 넣으면 식초 속에 우량한 초산균이 활성화되어 다른 균들을 지배할 수 있게 된다. 미생물은 어느 균 하나의 힘이 세면 다른 균들은 잘 자라지 않기 때문이다. 식초를 계속해서 빚고자 한다면 초산발효가 끝난 식초를 숙성 용기로 옮길 때 일부 남겨서 다음 초산발효 때 종초로 사용한다.

종초는 일반적으로 술 양의 10~30%를 사용한다. 예를 들어 10 L의 술을 초산발효하는 경우 1~3 L의 종초를 넣어주면 식초가 잘 만들어진다는 뜻이다. 일반적으로 20%의 종초를 넣는 것이 가장 좋다.

곡물식초 빚을 때 고두밥 짓기

곡물식초를 빚기 위해서는 먼저 곡물로 술을 빚어야 한다. 곡물을 미생물이 잘 분해할 수 있도록 고두밥으로 만든다. 고두밥은 누룩곰팡이의 효소에 의해 포도당으로 분해가 되고, 포도당은 다시 효모에 의해 알코올로 변하게 된다. 결국 곡물을 고두밥으로 만들어 효소와 효모가 잘 분해하도록 해주어야 곡물식초를 빚을 수 있다.

현미 고두밥 짓기

1. 현미를 맑은 물로 여러 번 씻고 헹군다.

2. 씻은 현미는 물의 온도에 따라 4일 이상 불린 뒤 체에 밭쳐서 30분 간 물기를 뺀다.

3. 찜솥에 물을 붓고 물이 끓으면 시루를 올리고 면보를 깐 다음 현미를 안친다.

4. 1시간가량 찐 후에 현미가 익었는지 확인하고, 다 익었다면 골고루 젓고 뚜껑을 닫아 10분가량 뜸을 들인다.

과일식초 빚을 때 보당하기

과일 속에는 과당이라는 당이 많이 포함되어 있기 때문에 효모만 있다면 알코올로 곧바로 분해되어, 곡물처럼 당화(전분이 당으로 바뀌는 것)의 과정이 필요 없다. 과일이나 채소를 이용해 식초를 빚을 때 당이 부족하다면 당을 보충해주어 효모의 먹이를 충분히 만들어야 한다. 초산균이 좋아하는 알코올도수가 6~8%이므로 여기에 맞춰 알코올발효를 시키려면 당도가 14 브릭스가 되어야 한다. 그러므로 과일이나 채소의 당도를 측정하거나 대략이라도 알아둔 후 꿀이나 설탕, 원당 등을 추가한다. 만약 12% 정도의 알코올도수가 나오도록 술을 빚으려면 당도가 24 브릭스가 되어야 한다. 이것으로 식초를 만든다면 동량의 물을 더해서 초산발효에 들어간다. 보당을 할 때는 과즙에 당(설탕, 원당, 꿀 등)을 조금씩 넣어주면서 당도계를 이용해 당도를 측정한다.(당도 측정법>참고 067쪽)

원료 고르기

전통주는 부재료를 넣는 것이 특징이다. 부재료를 더한 술로 식초를 빚으면 식초의 영양을 배가할 수 있다. 곡물, 과일, 채소 등은 가급적이면 무농약이나 저농약으로 재배한 친환경 제품이나 유기농 제품을 사용하면 좋다.

누룩은 푸른곰팡이가 피고 냄새가 쿰쿰하거나 육안으로 보아 색이 좋지 못한 것은 피한다. 쌀로 빚은 이화곡의 경우 표면에 잡균이 피고 속은 잘 띄워진 상태라면 표면만 제거하고 사용해도 좋다. 누룩은 직접 빚어 보관해두고 필요할 때마다 덜어서 사용하는 것이 좋지만, 누룩을 빚을 환경이 여의치 않다면 잘 띄운 누룩을 구입해 사용해도 괜찮다>참고 077쪽. 좋지 못한 누룩은 술맛을 망치고 식초를 빚은 후에도 향이 좋지 않으므로 반드시 믿을 만한 누룩을 구입해야 한다.

과일이나 채소류로 술을 빚을 때 당화 과정이 필요 없으므로 누룩 대신 시중에서 파는 효모^{yeast, 이스트}를 넣어 발효를 도울 수 있다. 효모에는 배양한 효모를 분리, 압착하여 그대로 성형한 생이스트(live yeast)와, 건조하여 저장과 수송을 편리하게 한 드라이이스트(dry yeast)가 있다. 물은 생수나 정제수, 끓여서 식힌 물을 사용한다. 잡균이 번식하는 것을 완전히 막으려면 끓여서 식힌 물을 사용하는 것이 가장 좋다.

도구 준비하기

술과 식초를 담을 용기도 신중하게 선택한다. 식초를 좀 빚는다 하는 사람들은 대개 옹기를 사용한다. 그러나 처음 식초를 빚을 때부터 옹기를 사용할 필요는 없다. 처음에는 발효가 어떻게 진행되는지 찬찬히 살피는 과정이 필요하므로 육안으로 볼 수 있는 유리병과 같이 투명한 용기를 이용한다. 간장이나 된장, 김치, 젓갈 등 다른 발효식품을 넣었던 옹기는 이상 발효를 일으킬 수 있으므로 피하는 것이 좋다. 만약 스테인리스 스틸을 사용하고자 한다면, 알코올발효 시엔 일반 스테인리스 스틸을 사용해도 무방하지만, 초산발효 시엔 스테인리스 스틸 316L 제품을 사용해야 한다.

> **발효통·채주망 소독법**
> 예전에는 볏짚을 태운 열로 옹기를 소독했지만 요즘은 스팀을 쐬어주거나 펄펄 끓는 물을 넣어 헹군다. 스테인리스 스틸 용기이면 약간의 물을 넣고 김이 나도록 끓인 후에 식혀서 사용한다. 유리병은 열에 약하기 때문에 스팀이나 끓는 물로 소독할 때 깨질 수 있으므로 각별히 주의한다. 술을 거를 때 사용하는 채주망은 삶아서 끓는 물에 여러 번 헹군 면보를 사용한다.

동전으로 발효 상태 체크하기

|

구리로 만든 10원짜리 동전을 이용해 발효 상태를 체크할 수 있다. 구리는 산이 닿으면 산화되어 색이 변한다. 누런색의 동전이 초록색으로 변하면 산도가 오르고 있다고 추측할 수 있다. 그러나 발효 상태를 정확히 파악하려면 산도 측정을 직접 해보는 것이 좋다. 여러 번의 실패와 성공의 경험이 쌓이면 맛과 향으로 식초가 잘 빚어졌는지 확인할 수 있는 때가 온다.

보관 방법 알아두기

|

초산발효가 끝났다면 산소를 완전히 차단한 다음, 실온 또는 서늘한 곳에서 적어도 100일 정도 숙성의 과정을 거쳐야 좋은 식초가 된다. 완성된 식초는 유리병에 넣어 살균 처리를 하는 것이 좋다. 살균을 하지 않으면 초산발효가 계속될 가능성이 있으므로 뚜껑을 꼭 닫고 냉장 보관한다.

발효 온도를 유지해주는 도구

전기방석 발효를 잘하기 위해서는 온도 관리가 가장 중요하다. 특히 겨울철에는 온도가 유지되는 발효실이 없다면 시판되는 전기방석을 사용하면 편리하다. 전기방석 위에 나무 받침대를 놓고 그 위에 용기를 올려놓고 온도를 제어할 수 있다.

온도조절기 전기방석만으로는 일정한 온도를 맞추기가 쉽지 않다. 이런 경우에 온도조절기를 이용하여 원하는 온도를 설정해두면 항상 일정한 온도를 유지할 수 있다.

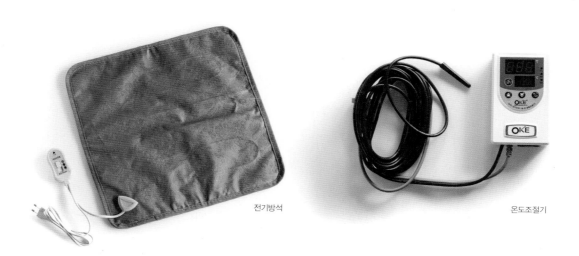

전기방석   온도조절기

쉬운 것부터 시작하는
자연발효식초 빚기

step 1 　탁주식초 빚기

　처음 식초를 빚을 때는 술 빚기 과정을 생략하고 이미 만들어진 술을 초산발효시켜서 식초를 빚어보기를 권한다. 시판되는 탁주(막걸리)는 알코올도수가 6~8%가량 되므로 그대로 초산발효시켜 식초를 얻을 수 있다. 탁주를 흔들지 않고 고형분(탁주 가루)을 가라앉힌 뒤 위쪽의 맑은 청주를 떠내어 초산발효를 진행한다. 이 단계에서는 육안으로 발효 과정을 관찰하면서 맛과 향기가 어떻게 변해가는지 살펴볼 수 있다.

재료

탁주(알코올도수 6~8%) 750 mL×2병
종초 200 mL

만들기

1. 시판되는 탁주 2병을 1주일간 실온에 둔다. 고형분(탁주 가루)은
   탁주병 아래로 가라앉고 위쪽에 맑은 청주가 생기면 청주 1 L
   를 따라낸다.

2. 소독한 용기에 청주 1 L를 붓고 종초 200 mL를 넣은 뒤 용기의
   입구를 면보로 덮고 고무줄로 동여맨다. 종초를 구하기 어렵다
   면 주정식초 200 mL를 넣고 진행한다.

3. 품온 30~35℃ 를 유지하도록 한다. 정치발효(발효통을 흔들지 않는 것)를 하면 2~3일 후에 표면에 초산막이 생기기 시작한다.

4. 일주일 후에 시큼한 식초의 향이 나며, 맛을 보면 신맛이 느껴진다.

5. 10일이 지나면 초산발효를 끝낸다. 더 발효시키면 신맛이 없어지고 물로 변할 수 있다. 총산도를 측정할 수 있다면 총산도가 5% 이상 되도록 초산발효를 시킨다.

6. 초산발효가 끝난 식초는 유리병에 넣고 공기가 들어가지 못하게 밀봉한 다음, 100일 정도 실온 또는 서늘한 곳에서 숙성시킨다. 이때 유리병에 빈 공간이 없도록 해야 한다.

7. 숙성이 끝나면 보관 용기에 넣고 70℃ 의 물에서 20분가량 살균한다. 가정에서 음용할 경우 살균 단계를 생략하고 냉장고에 보관하면서 사용한다.

TIP

과일이나 채소즙을 첨가해 영양을 더한다

탁주식초를 만들면서 기능을 높이기 위해 과일이나 채소즙을 첨가할 수 있다. 과일이나 채소의 즙이 너무 많으면 알코올도수가 낮아지므로 청주 1 L에 레몬 1개나 사과 반쪽, 포도알 20알, 고추 5개 정도씩만 넣는다.
예를 들어 레몬 1개를 믹서에 넣고 청주를 약간 부어 곱게 간 후에 채주망으로 건더기는 걸러내고 맑은 즙과 청주만을 초산발효시키면 레몬식초가 빚어진다. 이런 방법으로 사과식초, 포도식초, 고추식초를 만들 수 있다.

step 2 현미식초 빚기

탁주식초를 빚고 발효가 무엇인지 조금 알게 됐다면 직접 술을 빚고 식초를 빚어본다. 현미식초는 어느 음식에나 두루 어울리고 영양이 풍부해서, 가정에서 빚어 온 가족이 음용하기 좋은 식초다. 현미는 왕겨만을 벗기고 도정을 하지 않아 식이섬유를 비롯해 탄수화물, 단백질, 지방, 비타민, 무기질 등의 영양소를 풍부하게 갖고 있는 쌀이다. 현미식초를 빚을 때는 일반 현미나 찹쌀 현미 모두 사용할 수 있다.

재료

현미 생쌀 5 kg
누룩 1.5 kg
생수 20 L

준비물

알코올발효통(술독)
채주망
채주통(유리병 20 L)

고두밥 짓기

1. 현미 5 kg을 씻어 4일 이상 물에 충분히 불린 후 체에 받쳐 30분 가량 물기를 뺀다.

2. 믹서로 곱게 간 누룩 1.5 kg을 생수 20 L에 넣고 잘 저어 수곡을 만든다.

3. 불린 현미는 김이 나는 찜통에 올려 1시간가량 찐다.

4. 고두밥을 차게 식힌다.

5. 수곡에 고두밥을 넣고 버무린다.

술 빚기

1. 소독한 발효통에 수곡과 버무린 고두밥을 넣는다.

2. 탄산가스가 나올 수 있도록 뚜껑을 닫는다.

3. 실내 온도 22℃, 품온 25℃를 유지한다.

4. 소독한 주걱으로 매일 한 번씩 4일간 저어준다.

5. 2주일이 지나면 알코올발효가 끝난다.

6. 채주망에 걸러 고형분의 술지게미를 분리한다.

7. 거른 술을 소독한 채주통에 붓고 뚜껑을 닫아둔다.

8. 1~2주일이 지나면 유리병의 위쪽에는 맑은 술인 청주가, 아래쪽에는 탁주 가루가 가라앉아 있다. 이 청주를 따라내어 알코올도수를 측정한다. 이때 알코올도수는 대략 6% 정도가 된다.

식초 빚기

1. 따라낸 청주를 소독한 발효통에 넣는다. 만약에 술의 알코올도수가 높다면 물로 희석하여 알코올도수를 6~8%로 맞추어 발효통에 넣는다.

2. 종초가 있다면 술 양의 약 10~30%를 넣어주면 식초가 잘 빚어진다.

3. 초파리가 들어가지 못하도록 발효통의 입구를 면보로 덮어서 고무줄로 동여맨다.

4. 발효통의 품온이 30~35℃가 되도록 한다. 이때 전기방석 위에 발효통을 놓고 수건이나 담요로 감싸 품온을 유지하도록 한다.

5. 초를 안치고 최대한 빠른 시간 내에 발효 온도인 30℃ 이상이 되도록 하는 것이 매우 중요하다. 온도를 잘 맞추고 정치발효를 한다면 2~3일째 초산막이 생기는 것을 확인할 수 있다.

6. 초산발효 시작 후 일주일가량은 강한 술 냄새가 나고 2~3주가량은 강한 식초 냄새가 난다.

7. 발효 온도를 잘 유지했다면 대략 15~20일쯤 초산발효가 끝난다. 대략 끝나는 시기 일주일 전후부터 식초 냄새가 점점 약해지는데 이때부터는 매일 산도를 측정한다. 총산도가 더 이상 올라가지 않고 2~3일간 같게 유지되거나 갑자기 낮아지면 초산발효가 끝났다고 보면 된다. 총산도가 5% 이상 되었다면 초산발효를 중단하고 숙성에 들어가는 것이 좋다.

8. 총산도가 정점에 올랐다가 내려갈 때는 쿰쿰한 냄새가 나기 때문에, 정점을 잘 파악해서 산소를 차단하는 것이 식초 빚기에서 가장 중요한 일이다.

9. 초산발효가 끝날 때의 총산도가 5~6%, pH가 3.0~4.0, 당도가 5 브릭스 이상이면 좋은 식초다.

숙성 · 살균하기

1. 산도가 정점에 올라 발효를 끝낸 식초는 다시 숙성 용기에 옮겨 붓고 비닐이나 랩으로 덮은 뒤 고무줄로 동여매 산소가 들어가지 못하도록 밀봉해서 실온에 둔다. 이때 용기 내부에 빈 공간이 없도록 한다.

2. 100일간 충분히 숙성시키면 맛과 향이 깊어지고 영양도 더 풍부한 식초가 된다. 흑초를 빚으려면 실온에서 2~3년간 숙성시킨다.

3. 숙성이 끝난 식초의 맑은 부분만을 식촛병에 넣는다. 여과기를 이용하여 여과하면 맑은 식초를 얻을 수 있다.

4. 식촛병을 70℃의 물에 담가 20분가량 살균한다.

5. 살균 처리가 끝난 식초는 뚜껑을 닫아 서늘한 곳이나 냉장고에 보관하면서 사용한다.

step 3 과일식초 빚기

사람이 먹을 수 있는 과일은 무엇이라도 술을 빚을 수 있으므로 어떤 과일이라도 식초를 만들 수 있다. 과일이 갖고 있는 영양 성분이 식초에 그대로 남기 때문에 좋은 과일에서 좋은 식초가 만들어진다. 과일 속에는 단당류인 과당이 있어 효모만 있으면 알코올로 곧바로 분해된다. 따라서 곡물처럼 당화 과정 없이 알코올발효가 되기 때문에 쉽게 술을 빚을 수 있다.

당도 14 브릭스로 알코올발효를 하면 알코올도수 6~7%의 술을 얻을 수 있다. 이는 초산균이 좋아하는 알코올도수이므로 물로 희석하지 않고도 바로 초산발효를 할 수 있다. 그러나 당도가 높은 과일이라면 알코올도수가 높게 나오므로 물로 희석해 사용한다. 만약 24 브릭스로 알코올발효를 하면 알코올도수 12~13%의 술을 얻을 수 있는데 이 경우엔 술의 양과 같은 물로 희석해 초산발효에 들어간다. 대략 당도에 0.5를 곱한 값이 알코올발효 후의 알코올도수가 된다.

채소류도 식초를 빚을 수 있으나 당도가 매우 낮으므로 설탕으로 보당을 해서 술을 빚어야 한다. 그러므로 채소류로 식초를 빚고자 한다면, 곡물로 술을 빚을 때 채소즙을 넣어 알코올발효를 시키고 그 술로 초산발효시켜 식초를 빚는 것이 더 좋다.

과일식초는 당도 14 브릭스에서 시작한다

과일식초를 잘 빚기 위해서는 당도를 측정해야 한다. 당도에 따라서 알코올발효 후의 알코올도수가 결정되기 때문이다. 당도는 과일마다 큰 차이가 있어 일률적으로 말할 수 없다. 따라서 당도계를 구입하여 빚고자 하는 과일의 당도를 14 브릭스로 맞추어 알코올발효를 진행한다. 만약 식초를 빚고자 하는 과일의 당도가 14 브릭스 이상이면 물을 섞고, 14 브릭스 이하이면 보당(설탕을 추가하는 것)하여 알코올발효를 진행한다. 예를 들어 토마토 3 kg의 당도가 6 브릭스라면 백설탕을 280 g 정도 넣어야 14 브릭스가 된다. 보당을 할 때는 곱게 간 과일에 설탕을 추가하면서 설탕을 잘 녹이고 당도계로 계속 확인한다. 14 브릭스로 알코올발효를 하면 알코올도수는 대략 6~7%가 나오기 때문에 물로 희석하지 않고 초산발효를 할 수 있다.

포도는 당도가 높고 껍질에 효모가 많이 있어서 술이 잘 빚어지고 식초도 빚기 쉽다. 포도에는 비타민 B_1, B_2, C가 많아 피로 해소에 좋고 미네랄도 풍부하다. 특히 칼륨의 함량이 높아 체내 나트륨 배출에 효과적이어서 고혈압 환자에게 도움을 준다. 또 혈액 순환을 촉진해서 혈액을 정화하며, 콜레스테롤을 제거해주기 때문에 동맥경화의 예방에도 좋다. 그뿐만 아니라 빈혈, 협심증, 호흡기 질환, 기관지염, 천식, 신장병 등을 예방하는 효과가 있다.

포도식초는 거봉이나 청포도, 캠벨 포도 등 어떤 종류로 빚어도 좋다. 국내산 포도의 당도는 14~19 브릭스 정도 되어 그대로 술을 빚어도 되지만, 보당하여 24 브릭스로 맞춰서 알코올도수 12%가량의 술을 빚은 다음 물로 희석해 알코올도수 6~8%에 맞춰 초산발효를 시키기도 한다. 야생 포도에는 효모가 많아 누룩이나 이스트를 넣지 않아도 발효가 잘 되지만, 안전한 발효를 위해 약간의 누룩이나 이스트를 넣는 것이 좋다. 포도의 좋은 영양 성분은 겉껍질에 많으므로 껍질째 사용하는 것이 좋다.

TIP

포도 껍질째 빚은 식초는 영양이 두 배다

포도 속의 항산화 물질과 탄닌산은 포도의 껍질과 씨앗에 많기 때문에, 포도 알을 충분히 씻어 껍질째 넣고 식초를 만들면 영양이 배가된다. 포도의 씨와 껍질, 알맹이를 넣어서 빚은 식초는 붉은빛을 띠고, 껍질을 제거한 알맹이로만 빚은 식초는 노란빛을 띤다.

재료

포도 3 kg
누룩 20 g(또는 드라이이스트 5 g)
종초 약간

술 빚기

1. 포도알을 떼어서 식초와 담금주(알코올도수 30%)를 혼합한 물에 30분가량 담가 표면에 묻은 농약이나 잡균을 제거한 다음, 믹서로 껍질째 곱게 간다.

2. 곱게 간 포도의 당도를 측정해 14 브릭스로 맞춘 다음 누룩(또는 이스트)과 잘 혼합하여 발효통에 넣는다.

3. 탄산가스가 나올 수 있도록 뚜껑을 닫고 실내 온도 22℃를 유지하면서 알코올발효를 진행한다.

4. 매일 한 번씩 4일간 저어준다.

5. 2주일 후에 알코올발효가 끝난다. 소독한 채주병(유리병)에 채주한 술을 붓고 뚜껑을 닫은 다음, 1~2주일 후에 위쪽의 맑은 술(청주)만 따라낸다. 이때 알코올도수는 대략 6~7%가 된다.

1. 소독한 초산발효통에 맑은 술(청주)과 분량의 종초(술 양의 10~30%)를 넣은 뒤 초산발효시킨다. 품온은 30~35℃로 유지하고 40℃가 넘지 않도록 한다. 처음에는 품온이 낮기 때문에 실내 온도를 가급적이면 빠른 시간 내에 30℃ 이상으로 올려주어야 초산발효가 잘 진행된다. 초산발효가 끝날 때까지 품온은 30~35℃를 계속 유지해야 한다.

2. 술을 저어주지 않는 정치발효로 진행한다면 초를 안치고 2~3일째 술의 표면에 초산막(초막)이 생기는 것을 볼 수 있다.

3. 초를 안친 후 대략 10~15일이면 초산발효가 완료된다. 초산발효가 끝날 무렵엔 매일 총산도를 측정하여 며칠간 같은 산도가 유지되거나 갑자기 내려가면 초산발효를 중단한다. 발효를 중단하지 않으면 재산화하여 쿰쿰한 냄새가 나면서 물로 변한다. 초산발효가 끝날 때의 총산도가 5~6%이며 pH는 3.0~4.0, 당도는 5 브릭스 이상이면 좋은 식초다.

4. 초산발효를 끝낸 포도식초는 용기에 가득 담아 산소를 차단하고, 실온이나 서늘한 곳에서 100일가량 숙성시킨 후 유리병에 담는다.

5. 유리병에 넣은 식초는 살균 처리한 다음, 냉장고나 서늘한 곳에 뚜껑을 꼭 닫아두고 사용한다.

TIP

재료를 껍질째 사용할 때는 식촛물로 세척한다

재료의 껍질을 제거하지 않고 사용하는 경우엔 식초와 담금주(알코올도수 30% 이상)를 혼합한 물에 20~30분간 담갔다가 사용하면 좋다. 식초와 담금주에는 소독 효과가 있으므로 재료의 표면에 묻은 세균이나 농약 등을 제거할 수 있다.

염증을 치료하고 변비를 예방하는 **사과식초**

사과식초는 당분과 단백질이 많고 향미가 좋아 질 좋은 식초다. 사과는 수분 88%, 당분 10%, 나머지는 지방, 단백질, 미네랄로 구성되어 있고 비타민 C와 사과산, 구연산, 주석산, 미네랄이 풍부하게 들어 있다. 특히 칼륨은 레몬의 5배이고 항산화 작용을 하는 '퀘르세틴'이라는 성분도 많다.

사과식초는 햇과일을 구하기 쉬운 10월에서 11월에 빚는 것이 좋지만 요즘은 1년 내내 사과를 구할 수 있으므로 좋은 시기는 따로 없다. 사과식초를 빚을 때는 사과에 부족한 구연산이 많이 들어 있는 레몬을 첨가하면 영양을 보완하고 맛과 향을 더욱 돋울 수 있다.

사과의 당도에 따라 물로 희석하거나 설탕으로 보당하여 14 브릭스로 맞추어 알코올발효를 진행하면 알코올도수 6~7%의 술을 얻을 수 있다.

TIP

레몬, 매실 등 구연산이 풍부한 과일을 첨가한다

사과식초에 레몬, 매실 등 구연산이 풍부한 과일을 첨가하면 영양적으로 부족한 산을 채워주어 더욱 양질의 식초를 빚을 수 있다. 또 식욕을 돋울 수 있는 향미가 더해져 차처럼 응용해서 마시기에 좋다.

재료

사과 3 kg
누룩 20 g(또는 드라이이스트 5 g)
종초 약간

1. 사과를 식초와 담금주(알코올도수 30%)를 혼합한 물에 30분가량 담가 표면에 묻은 농약이나 잡균을 제거하고, 물기를 완전히 제거한 뒤 적당한 크기로 썬다.

2. 믹서에 사과를 넣고 곱게 간다. 이때 생수를 약간 넣으면 사과가 더욱 잘 갈린다. 레몬을 넣는다면 적당한 크기로 썰어 사과와 함께 곱게 간다.

3. 간 사과의 당도를 측정해 물로 희석하거나 설탕으로 보당하여 14 브릭스로 맞추고 누룩(또는 이스트)과 잘 혼합하여 발효통에 넣는다.

4. 탄산가스가 나올 수 있도록 뚜껑을 닫고 실내 온도 22℃를 유지하면서 알코올발효를 진행한다.

5. 3일 간격으로 두 번 저어준다.

6. 2주일 후에 알코올발효가 끝난다. 소독한 채주병(유리병)에 채주한 술을 붓고 뚜껑을 닫은 다음, 1~2주일 후에 위쪽의 맑은 술(청주)만 따라낸다. 이때 알코올도수는 대략 6~7%가 된다.

TIP

썩은 부분과 흠집은 제거한다

식초를 빚을 사과는 싱싱한 것이 가장 좋겠지만, 약간의 흠집이나 썩은 부분이 있는 사과라도 흠집과 썩은 부분을 제거한 후에 사용하면 좋은 사과식초를 빚을 수 있다.

1. 소독한 초산발효통에 맑은 술(청주)과 분량의 종초(술 양의 10~30%)를 넣은 뒤 초산발효시킨다. 품온은 30~35℃로 유지하고 40℃가 넘지 않도록 한다. 처음에는 품온이 낮기 때문에 실내 온도를 가급적이면 빠른 시간 내에 30℃ 이상으로 올려주어야 초산발효가 잘 진행된다. 초산발효가 끝날 때까지 품온은 30~35℃를 계속 유지해야 한다.

2. 술을 저어주지 않는 정치발효를 진행한다면 초를 안치고 2~3일째 술의 표면에 초산막(초막)이 생기는 것을 볼 수 있다.

3. 초를 안친 후 대략 10~15일이면 초산발효가 완료된다. 초산발효가 끝날 무렵엔 매일 총산도를 측정하여 며칠간 같은 산도가 유지되거나 갑자기 내려가면 초산발효를 중단한다. 발효를 중단하지 않으면 재산화하여 쿰쿰한 냄새가 나면서 물로 변한다. 초산발효가 끝날 때의 총산도가 5~6%이며 pH 3.0~4.0, 당도는 5 브릭스 이상이면 좋은 식초다.

4. 초산발효를 끝낸 사과식초는 용기에 담아 산소를 차단하고, 실온이나 서늘한 곳에서 100일가량 숙성시킨 후 유리병에 담는다.

5. 유리병에 넣은 식초는 살균 처리한 다음, 냉장고나 서늘한 곳에 뚜껑을 꼭 닫아두고 사용한다.

우리 선조들이 감식초를 많이 빚어 먹었던 것은 마을마다 감나무가 있었고, 감이 홍시가 되고 식초가 되는 과정이 쉬웠기 때문이다. 감은 탄닌산이 많아 산도가 잘 오르지 않는다. 식품공전에도 일반 식초는 총산도가 4% 이상이어야 하는 데 비해 감식초는 2.6% 이상으로 규정하고 있다. 그러므로 감식초의 경우 총산도가 3% 이상이면 좋은 식초라고 할 수 있다.

감에는 알코올발효를 하기에 좋은 과당과 비타민 C가 다량 함유되어 있어 피로 해소를 돕고 신진대사를 활발하게 해 준다. 유기산 중에서는 사과산과 구연산이 가장 많고, 주석산과 호박산도 함유되어 있다. 감잎에는 지혈을 돕고 혈압을 낮추는 루틴 성분이 많다. 특히 말린 감인 곶감 표면에 붙은 흰 가루는 포도당과 과당이 넘쳐 밖으로 나온 것으로, 기관지와 폐에 좋다고 알려져 있다.

감 속의 당의 함량은 감마다 다르지만 보통 감식초를 만들 때는 완전히 익은 홍시를 고르는 것이 좋다. 떫은맛이 나는 탄닌은 산화되면 제거되어 식초 맛에 크게 영향을 미치지 않는다. 감식초는 산도가 낮아 음료용으로 좋다.

TIP

당도가 높은 홍시로 감식초를 빚는다

감식초는 떫은맛이 강한 땡감으로도 빚을 수 있다. 하지만 땡감은 홍시보다 탄닌산이 많고 당도도 낮기 때문에 알코올발효와 초산발효가 쉽게 되지 않는다. 그러므로 식초 빚는 것이 익숙하지 않다면 떫은맛이 없고 당도도 높은 홍시로 감식초를 빚는 것이 좋다.

재료

감(홍시) 3 kg
누룩 20 g(또는 드라이이스트 5 g)
종초 약간

1. 홍시를 흐르는 물에 깨끗이 씻고 식초와 담금주(알코올도수 30%)를 혼합한 물에 30분가량 담가 표면에 묻은 농약이나 잡균을 제거한다.

2. 홍시를 믹서에 넣고 갈거나 손으로 주물러 으깬 뒤 당도를 측정해 물로 희석하거나 설탕으로 보당하여 14 브릭스로 맞추고 누룩(또는 이스트)과 잘 혼합하여 발효통에 넣는다.

3. 탄산가스가 나올 수 있도록 뚜껑을 닫고 실내 온도 22℃를 유지하면서 알코올발효를 진행한다.

4. 매일 한 번씩 4일간 저어준다.

5. 2주일 후에 알코올발효가 끝난다. 소독한 채주병(유리병)에 채주한 술을 붓고 뚜껑을 닫은 다음, 1~2주일 후에 위쪽의 맑은 술(청주)만 따라낸다. 이때 알코올도수는 대략 6~7%가 된다.

1. 소독한 초산발효통에 맑은 술(청주)과 분량의 종초(술 양의 10~30%)를 넣은 뒤 초산발효시킨다. 품온은 30~35℃로 유지하고 40℃가 넘지 않도록 한다. 처음에는 품온이 낮기 때문에 실내 온도를 가급적이면 빠른 시간 내에 30℃ 이상으로 올려주면 초산발효가 잘 진행된다. 초산발효가 끝날 때까지 품온은 30~35℃를 계속 유지해야 한다.

2. 술을 저어주지 않는 정치발효를 진행한다면 초를 안치고 2~3일째 술의 표면에 초산막(초막)이 생기는 것을 볼 수 있다.

3. 초를 안친 후 대략 10~15일이면 초산발효가 완료된다. 초산발효가 끝날 무렵엔 매일 총산도를 측정하여 며칠간 같은 산도가 유지되거나 갑자기 낮아지면 초산발효를 중단한다. 발효를 중단하지 않으면 재산화하여 쿰쿰한 냄새가 나면서 물로 변한다. 초산발효가 끝날 때의 총산도가 3%이며 pH는 3.0~4.0, 당도는 5 브릭스 이상이면 좋은 식초다.

4. 초산발효를 끝낸 감식초는 용기에 담아 산소를 차단하고, 실온이나 서늘한 곳에서 100일가량 숙성시킨 후 유리병에 담는다.

5. 유리병에 넣은 식초는 살균 처리한 다음, 냉장고나 서늘한 곳에 뚜껑을 꼭 닫아두고 사용한다.

석류에는 비타민 B_1, B_2가 많고 사과산, 구연산뿐만 아니라 미네랄도 풍부하다. 그중에서도 칼륨의 함유량이 과일 중에서 가장 많아 나트륨 배출에 효과적이고 고혈압을 예방하는 데에도 좋다. 석류의 당도는 보통 16~19 브릭스다. 석류식초를 만들 때는 석류의 겉껍질을 벗기고 믹서에 간 뒤 과즙만으로 알코올발효를 거치고 초산발효를 시켜 식초를 빚는다.

재료

석류 4 kg
누룩 20 g(또는 드라이이스트 5 g)
종초 약간

술 빚기

1. 석류를 흐르는 물에 깨끗이 씻어 겉껍질을 벗긴 뒤 과육만 발라낸다.

2. 믹서로 석류의 과육을 갈고 당도를 측정해 물로 희석하거나 설탕으로 보당하여 14 브릭스로 맞추고 누룩(또는 이스트)과 잘 혼합하여 발효통에 넣는다.

3. 탄산가스가 나올 수 있도록 뚜껑을 닫고 실내 온도 22℃를 유지하면서 알코올발효를 진행한다.

4. 매일 한 번씩 4일간 저어준다.

5. 2주일 후에 알코올발효가 끝난다. 소독한 채주병(유리병)에 채주한 술을 붓고 뚜껑을 닫은 다음, 1~2주일 후에 위쪽의 맑은 술(청주)만 따라낸다. 이때 알코올도수는 대략 6~7%가 된다.

TIP

겉껍질을 제거해야 식초의 맛이 좋다

석류의 겉껍질에도 많은 영양 성분이 포함되어 있지만 식초를 빚을 때 같이 넣으면 식초의 맛이 텁텁하고 상큼한 맛이 나지 않으므로, 겉껍질은 제거하고 과육만으로 식초를 빚는 것이 좋다.

식초 빚기

1. 소독한 초산발효통에 맑은 술(청주)과 분량의 종초(술 양의 10~30%)를 넣은 뒤 초산발효시킨다. 품온은 30~35℃로 유지하고 40℃가 넘지 않도록 한다. 처음에는 품온이 낮기 때문에 실내 온도를 가급적이면 빠른 시간 내에 30℃ 이상으로 올려주어야 초산발효가 잘 진행된다. 초산발효가 끝날 때까지 품온은 30~35℃를 계속 유지해야 한다.

2. 술을 저어주지 않는 정치발효를 진행한다면 초를 안치고 2~3일째 술의 표면에 초산막(초막)이 생기는 것을 볼 수 있다.

3. 초를 안친 후 대략 10~15일이면 초산발효가 완료된다. 초산발효가 끝날 무렵엔 매일 총산도를 측정하여 며칠간 같은 산도가 유지되거나 갑자기 낮아지면 초산발효를 중단한다. 발효를 중단하지 않으면 재산화하여 쿰쿰한 냄새가 나면서 물로 변한다. 초산발효가 끝날 때의 총산도가 5~6%이며 pH는 3.0~4.0, 당도는 5 브릭스 이상이면 좋은 식초다.

4. 초산발효를 끝낸 석류식초는 용기에 담아 산소를 차단하고 실온이나 서늘한 곳에서 100일가량 숙성시킨 후 유리병에 담는다.

5. 유리병에 넣은 식초는 살균 처리한 다음, 냉장고나 서늘한 곳에 뚜껑을 꼭 닫아두고 사용한다.

구연산이 풍부한 **살구식초**

살구에는 칼륨과 철이 많고 유기산 중에서도 구연산의 함량이 높다. 또 다른 과일과 비교했을 때 프로비타민 A인 카로틴이 많다. 또 지방 대사에 관여하는 니코틴산이 있어 비만을 예방하는 데도 효과적인 과일이다. 살구식초를 만들 때는 말랑말랑하게 잘 익은 것을 선택하고, 씨앗을 제거한 뒤 껍질째 으깨어 사용한다.

재료

잘 익은 살구 3 kg(씨를 제거한 무게)
누룩 20 g(또는 드라이이스트 5 g)
종초 약간

술 빚기

1. 잘 익은 살구를 흐르는 물에 깨끗이 씻어 식초와 담금주(알코올 도수 30%)를 혼합한 물에 30분가량 담갔다가 헹군 뒤 씨를 발라 내고 믹서에 넣어 곱게 간다.

2. 곱게 간 살구즙의 당도를 측정해 물로 희석하거나 설탕으로 보당하여 14 브릭스로 맞추고 누룩(또는 이스트)과 잘 혼합하여 발효통에 넣는다.

3. 탄산가스가 나올 수 있도록 뚜껑을 닫고 실내 온도 22℃를 유지하면서 알코올발효를 진행한다.

4. 매일 한 번씩 4일간 저어준다.

5. 2주일 후에 알코올발효가 끝난다. 소독한 채주병(유리병)에 채주한 술을 붓고 뚜껑을 닫은 다음, 1~2주일 후에 위쪽의 맑은 술(청주)만 따라낸다. 이때 알코올도수는 대략 6~7%가 된다.

식초 빚기

1. 소독한 초산발효통에 맑은 술(청주)과 분량의 종초(술 양의 10~30%)를 넣은 뒤 초산발효시킨다. 품온은 30~35℃로 유지하고 40℃가 넘지 않도록 한다. 처음에는 품온이 낮기 때문에 실내 온도를 가급적이면 빠른 시간 내에 30℃ 이상으로 올려주어야 초산발효가 잘 진행된다. 초산발효가 끝날 때까지 품온은 30~35℃를 계속 유지해야 한다.

2. 술을 저어주지 않는 정치발효를 진행한다면 초를 안치고 2~3일째 술의 표면에 초산막(초막)이 생기는 것을 볼 수 있다.

3. 초를 안친 후 대략 10~15일이면 초산발효가 완료된다. 초산발효가 끝날 무렵엔 매일 총산도를 측정하여 며칠간 같은 산도가 유지되거나 갑자기 낮아지면 초산발효를 중단한다. 발효를 중단하지 않으면 재산화하여 쿰쿰한 냄새가 나면서 물로 변한다. 초산발효가 끝날 때의 총산도가 5~6%이며 pH는 3.0~4.0, 당도는 5 브릭스 이상이면 좋은 식초다.

4. 초산발효를 끝낸 살구식초는 용기에 담아 산소를 차단하고, 실온이나 서늘한 곳에서 100일가량 숙성시킨 후 유리병에 담는다.

5. 유리병에 넣은 식초는 살균 처리한 다음, 냉장고나 서늘한 곳에 뚜껑을 꼭 닫아두고 사용한다.

토마토의 붉은 과육 속에는 활성산소를 억제하는 '라이코펜'이라는 항산화 물질이 들어 있다. 또 비타민 C와 글루타민산이 풍부해 피로 해소에 좋고, 루틴 성분이 있어 심혈관계 질환을 예방하고 혈압을 낮추는 데도 좋다. 토마토의 당도는 일반적으로 5~6 브릭스 정도로 낮으므로 보당해서 알코올발효를 하고 초산발효시켜 식초를 빚는다.

항산화 물질이 풍부한 **토마토식초**

재료

토마토 3 kg
누룩 20 g(또는 드라이이스트 5 g)
종초 약간

술 빚기

1. 토마토는 꼭지를 떼고 식초와 담금주(알코올도수 30%)를 혼합한 물에 30분가량 담갔다가 깨끗이 씻고 믹서에 넣어 곱게 간다.

2. 곱게 간 토마토즙의 당도를 측정해 설탕으로 보당하여 14 브릭스로 맞추고 누룩(또는 이스트)과 잘 혼합하여 발효통에 넣는다.

3. 탄산가스가 나올 수 있도록 뚜껑을 닫고 실내 온도 22℃를 유지하면서 알코올발효를 진행한다.

4. 매일 한 번씩 4일간 저어준다.

5. 2주일 후에 알코올발효가 끝난다. 소독한 채주병(유리병)에 채주한 술을 붓고 뚜껑을 닫은 다음, 1~2주일 후에 위쪽의 맑은 술(청주)만 따라낸다. 이때 알코올도수는 대략 6~7%가 된다.

POINT 발효 적정 실내 온도와 품온 기억하기

알코올발효의 적정 실내 온도는 22℃이고 품온은 22~25℃이며 30℃를 넘지 않도록 한다. 초산발효의 적정 실내 온도는 30℃이고, 품온은 30~35℃이며 40℃를 넘지 않도록 한다.

1. 소독한 초산발효통에 맑은 술(청주)과 분량의 종초(술 양의 10~30%)를 넣은 뒤 초산발효시킨다. 품온은 30~35℃로 유지하고, 40℃가 넘지 않도록 한다. 처음에는 품온이 낮기 때문에 실내 온도를 가급적이면 빠른 시간 내에 30℃ 이상으로 올려주어야 초산발효가 잘 진행된다. 초산발효가 끝날 때까지 품온은 30~35℃를 계속 유지해야 한다.

2. 술을 저어주지 않는 정치발효를 진행한다면 초를 안치고 2~3일째 술의 표면에 초산막(초막)이 생기는 것을 볼 수 있다.

3. 초를 안친 후 대략 10~15일이면 초산발효가 완료된다. 초산발효가 끝날 무렵엔 매일 총산도를 측정하여 며칠간 같은 산도가 유지되거나 갑자기 낮아지면 초산발효를 중단한다. 발효를 중단하지 않으면 재산화하여 쿰쿰한 냄새가 나면서 물로 변한다. 초산발효가 끝날 때의 총산도가 5~6%이며 pH는 3.0~4.0, 당도는 5 브릭스 이상이면 좋은 식초다.

4. 초산발효를 끝낸 토마토식초는 용기에 담아 산소를 차단하고, 실온이나 서늘한 곳에서 100일가량 숙성시킨 후 유리병에 담는다.

5. 유리병에 넣은 식초는 살균 처리한 다음, 냉장고나 서늘한 곳에 뚜껑을 꼭 닫아두고 사용한다.

TIP

향미를 돋우는 부재료를 넣는다

토마토는 식초가 잘 빚어지는 편이지만 향이 좋지 못한 경우가 있다. 필자는 토마토식초를 빚을 때 당귀를 약간 첨가하는데, 당귀의 향이 더해져서 토마토식초의 향미도 좋아진다. 당귀를 넣을 때는 잘 씻어 줄기와 뿌리를 모두 넣는다. 당귀의 어린 줄기와 뿌리를 구하기 어렵다면 시판되는 건조 당귀를 사용해도 좋다. 당귀 이외에도 황기나 감초 등의 약재를 첨가하면 향미를 높이고 영양이 배가된 식초를 빚을 수 있다.

step 4 추출액(효소액, 발효액) 식초 빚기

흔히 매실, 오미자, 복분자, 오디, 머루, 산야초 등 식물의 열매와 뿌리를 설탕에 재워 삼투압 작용을 통해 영양 성분을 추출해낸 것을 '추출액'이라고 한다. '효소' 또는 '효소액', '발효액'이라고도 하지만 '추출액'이라는 표현이 합당하다. '추출액'은 설탕을 이용해 영양 성분을 추출하고 오랜 시간 동안 숙성의 과정을 거치면서 맛이 좋아지고 체내 흡수도 잘되는 장점이 있다.

추출액으로 빚는 식초 역시 먼저 술을 빚어야 한다. 효모는 당을 좋아하므로 추출액 속에 들어 있는 설탕(자당)을 이용하여 술을 빚을 수 있다. 추출액을 만들 때는 원료와 설탕의 비율을 1:1로 하거나 2:1로 하는 방법이 있다. 원료와 설탕의 비율을 1:1로 하면 완성된 추출액의 당도가 50 브릭스 이상이어서 실온에 보관해도 알코올발효가 거의 일어나지 않아 보관하기가 쉽지만, 당도가 너무 높다는 단점이 있다. 원료와 설탕의 비율을 2:1로 하면 완성된 추출액의 당도가 30~40 브릭스 정도 되므로 효모가 살 수 있다. 따라서 추출액을 만들 때 발효통을 매일 저어서 산소를 공급해주어야 알코올발효를 하지 않는다.

재료를 섞은 후 7~10일가량 지난 후 건더기를 걸러내고 냉장고에 보관하면서 계속 숙성시켜야 좋은 추출액을 만들 수 있다. 실온에 두면 효모가 다시 활성화되어 알코올을 만들게 되므로, 2:1 비율로 만들어진 추출액은 반드시 냉장고에 보관해야 한다.

효소? 효소액? 발효액? 추출액?

약성을 가진 재료를 설탕에 재워 그 영양 성분을 추출해낸 것을 '효소' 또는 '효소액'이라고 부르기도 한다. 물론 그 속에 효소 성분이 없는 것은 아니지만 이 효소는 우리 몸속에 들어가게 되면 이미 효소의 작용을 할 수 없다는 것이 학계의 일반적인 생각이다. 따라서 효소(액)라는 표현은 과대 표현으로 본다. 또한 발효액이라는 표현 역시 다소 무리가 있다. 우수한 영양 성분이 녹아 있는 것은 틀림없지만 그 어떤 발효가 이루어졌다고 보기 어렵기 때문이다. 발효보다는 숙성이 잘 어울리며 '추출액'이라는 표현이 바람직하다고 본다.

구연산이 많은 **매실추출액 식초**

가정에서 흔히 매실청으로 만들어 먹는 매실은 매화나무의 열매로 초여름에 수확하는 과일이다. 매실은 수확 시기에 따라 이름이 다른데, 초록빛의 풋매실은 청매실이라고 불리고, 완전히 익어 누렇게 변하면 황매실이라고 한다. 매실추출액을 담글 때는 구연산이 가장 풍부한 청매실을 사용하는 것이 가장 좋다. 매실은 소화불량이나 배탈, 식중독을 예방 또는 치료하는 효과가 있고 소화기관을 활성화하여 소화액과 위액 분비를 촉진하는 알칼리성 열매다. 피로를 풀어주는 구연산과, 독성 물질을 분해하는 피크린산이 풍부하다.

청매실과 설탕을 1:1 비율로 섞어 추출액을 만들면 당도는 60 브릭스 이상이 나오고, 2:1 비율로 만들면 40 브릭스 정도가 나온다. 청매실추출액의 당도가 40 브릭스라면 효모가 잘 활동하지 못하므로 좋은 술을 만들 수 없다. 따라서 생수를 추가하여 당도를 14 브릭스로 맞추어 알코올발효를 진행하는 것이 좋다. 당을 먹고 알코올을 만들어낼 효모가 필요하므로 누룩이나 이스트를 약간 넣는다.

TIP

매실의 씨앗을 제거한다

매실의 씨앗에는 청산배당체(아미그달린)라는 독소가 있으므로 씨앗을 제거하고 추출액을 만들어야 안전하다. 씨앗을 제거하기 힘들다면 씨앗째로 추출액을 만든 다음 1년 이상 숙성시키거나 가열하면 독소를 제거할 수 있다.

재료

청매실 2 kg
백설탕 2 kg
누룩 30 g(또는 드라이이스트 8 g)
종초 약간

매실추출액 만들기

1. 매실을 깨끗이 씻어 식초와 담금주(알코올도수 30%)를 혼합한 물
   에 30분가량 담갔다가 헹군다.

2. 매실과 설탕을 잘 혼합한 뒤 입구를 한지나 면보로 씌워서 고
   무줄로 동여맨다.

3. 서늘한 곳에 두고 매일 한 번씩 저어서 산소를 충분히 공급한다.

4. 7~10일이 지나 삼투압 현상으로 매실이 쪼그라들면 매실을 건
   져서 버린다.

5. 냉장고에 넣어 보관한다.

118

술 빚기

1. 매실추출액에 물을 넣어 당도를 14 브릭스로 맞추고 누룩(또는 이스트)과 잘 혼합하여 발효통에 넣는다.

2. 탄산가스가 나올 수 있도록 뚜껑을 닫고 실내 온도 22℃를 유지하면서 알코올발효를 진행한다.

3. 매일 한 번씩 2일간 저어준다.

4. 2주일 후에 알코올발효를 끝내면 곧바로 청주를 따라낼 수 있다. 이때 알코올도수는 대략 6~7%가 된다.

식초 빚기

1. 소독한 초산발효통에 맑은 술(청주)과 분량의 종초(술 양의 10~30%)를 넣은 뒤 초산발효시킨다. 품온은 30~35℃로 유지하고 40℃가 넘지 않도록 한다. 처음에는 품온이 낮기 때문에 실내 온도를 가급적이면 빠른 시간 내에 30℃ 이상으로 올려주어야 초산발효가 잘 진행된다. 초산발효가 끝날 때까지 품온은 30~35℃를 계속 유지해야 한다.

2. 술을 저어주지 않는 정치발효를 진행한다면 초를 안치고 2~3일째 술의 표면에 초산막(초막)이 생기는 것을 볼 수 있다.

3. 초를 안친 후 대략 10~15일이면 초산발효가 완료된다. 초산발효가 끝날 무렵엔 매일 총산도를 측정하여 며칠간 같은 산도가 유지되거나 갑자기 낮아지면 초산발효를 중단한다. 발효를 중단하지 않으면 재산화하여 쿰쿰한 냄새가 나면서 물로 변한다. 초산발효가 끝날 때의 총산도가 5~6%이며 pH는 3.0~4.0, 당도는 5 브릭스 이상이면 좋은 식초다.

4. 초산발효를 끝낸 매실추출액 식초는 용기에 담아 산소를 차단하고, 실온이나 서늘한 곳에서 100일가량 숙성시킨 후 유리병에 담는다.

5. 유리병에 넣은 식초는 살균 처리한 다음, 냉장고나 서늘한 곳에 뚜껑을 꼭 닫아두고 사용한다.

미나리는 독특한 풍미가 있어 제철이 되면 식탁에 빠지지 않는 나물이다. 요즘은 건강식품으로 인기가 좋아 수요가 점차 증가하고 있다. 미나리는 알칼리성 식물로 비타민, 철분, 칼슘 등의 무기질이 많고 간 해독과 황달 예방, 숙취 해소에도 효과적이다. 특히 기관지와 폐 등의 호흡 기관을 보호하고 혈압과 혈중 콜레스테롤 수치를 낮추어 심혈관 질환의 예방에도 좋다.

미나리는 논에서 재배한 것을 논미나리, 야생에서 자란 것을 돌미나리라고 하는데 성분에는 큰 차이가 없다. 미나리 추출액을 만들 때는 두 종류 모두 좋지만 청정 지역에서 자란 것을 선택하는 것이 중요하다.

재료

미나리 2 kg
설탕 2 kg
누룩 30 g(또는 드라이이스트 8 g)
종초 약간

미나리추출액 만들기

1. 미나리를 깨끗이 씻어 물기를 살짝 뗀다.

2. 약간의 수분을 머금은 상태에서 잘게 썰어 용기에 설탕과 함께 혼합해 넣고 입구를 한지나 면보로 씌워서 고무줄로 동여맨다.

3. 서늘한 곳에 두고 매일 한 번씩 저어서 산소를 충분히 공급한다.

4. 7~10일이 지난 후 미나리를 건져서 버린다.

5. 냉장고에 넣어 보관한다.

1. 미나리추출액에 물을 넣어 당도를 14 브릭스로 맞추고 누룩(또는 이스트)과 잘 혼합하여 발효통에 넣는다.

2. 탄산가스가 나올 수 있도록 뚜껑을 닫고 실내 온도 22℃를 유지하면서 알코올발효를 진행한다.

3. 매일 한 번씩 2일간 저어준다.

4. 2주일 후에 알코올발효를 끝내면 곧바로 청주를 따라낼 수 있다. 이때 알코올도수는 대략 6~7%가 된다.

1. 소독한 초산발효통에 맑은 술(청주)과 분량의 종초(술 양의 10~30%)를 넣은 뒤 초산발효시킨다. 품온은 30~35℃로 유지하고 40℃가 넘지 않도록 한다. 처음에는 품온이 낮기 때문에 실내 온도를 가급적이면 빠른 시간 내에 30℃ 이상으로 올려주어야 초산발효가 잘 진행된다. 초산발효가 끝날 때까지 품온은 30~35℃를 계속 유지해야 한다.

2. 술을 저어주지 않는 정치발효를 진행한다면 초를 안치고 2~3일째 술의 표면에 초산막(초막)이 생기는 것을 볼 수 있다.

3. 초를 안친 후 대략 10~15일이면 초산발효가 완료된다. 초산발효가 끝날 무렵엔 매일 총산도를 측정하여 며칠간 같은 산도가 유지되거나 갑자기 낮아지면 초산발효를 중단한다. 발효를 중단하지 않으면 재산화하여 쿰쿰한 냄새가 나면서 물로 변한다. 초산발효가 끝날 때의 총산도가 5~6%이며 pH는 3.0~4.0, 당도는 5 브릭스 이상이면 좋은 식초다.

4. 초산발효를 끝낸 미나리추출액 식초는 용기에 담아 산소를 차단하고, 실온이나 서늘한 곳에서 100일가량 숙성시킨 후 유리병에 담는다.

5. 유리병에 넣은 식초는 살균 처리한 다음, 냉장고나 서늘한 곳에 뚜껑을 꼭 닫아두고 사용한다.

몸을 따뜻하게 하는

쑥추출액 식초

산과 들에서 흔하게 볼 수 있는 쑥은 약성이 뛰어난 식물 중 하나다. 요즘은 계절에 관계없이 쑥을 먹을 수 있지만 제철인 봄에 채취한 쑥은 독성이 적고 효능이 더 뛰어난 것으로 알려져 있다. 쑥에는 비타민 A, C, 미네랄, 생리활성 물질 등이 많고 간 질환 치료와 부종 제거, 이뇨 작용, 고지혈증과 동맥경화 및 고혈압 예방, 해열 작용, 두열 치료 등의 효과가 있다. 특히 혈액 순환을 도와 몸을 따뜻하게 해주고 면역력을 키우는 데 효과적이다.

쑥은 생명력이 강해 한겨울에도 피는 인진쑥, 특별한 향이 없는 개똥쑥(잔잎쑥) 등 여러 가지가 있고, 모두 식초로 빚기에 좋다. 최근에는 쑥의 쓴맛 성분인 '아르테미신'이라는 항암 성분이 다량 함유된 개똥쑥이 인기다. 다만 도로 인근 등 오염된 곳에서 채취한 쑥은 먹지 않는 것이 좋다.

재료

쑥 2 kg
설탕 2 kg
누룩 30 g(또는 드라이이스트 8 g)
종초 약간

쑥추출액 만들기

1. 쑥을 깨끗이 씻어 물기를 살짝 뺀다.

2. 약간의 수분을 머금은 상태에서 잘게 썰어 용기에 설탕과 함께 혼합해 넣고 입구를 한지나 면보로 씌워서 고무줄로 동여맨다.

3. 서늘한 곳에 두고 매일 한 번씩 저어서 산소를 충분히 공급한다.

4. 7~10일이 지난 후 쑥을 건져서 버린다.

5. 냉장고에 넣어 보관한다.

술 빚기

1. 쑥추출액에 물을 넣어 당도를 14 브릭스로 맞추고 누룩(또는 이스트)과 잘 혼합하여 발효통에 넣는다.

2. 탄산가스가 나올 수 있도록 뚜껑을 닫고 실내 온도 22℃를 유지하면서 알코올발효를 진행한다.

3. 매일 한 번씩 2일간 저어준다.

4. 2주일 후에 알코올발효를 끝내면 곧바로 청주를 따라낼 수 있다. 이때 알코올도수는 대략 6~7%가 된다.

식초 빚기

1. 소독한 초산발효통에 맑은 술(청주)과 분량의 종초(술 양의 10~30%)를 넣은 뒤 초산발효시킨다. 품온은 30~35℃로 유지하고 40℃가 넘지 않도록 한다. 처음에는 품온이 낮기 때문에 실내 온도를 가급적이면 빠른 시간 내에 30℃ 이상으로 올려주어야 초산발효가 잘 진행된다. 초산발효가 끝날 때까지 품온은 30~35℃를 계속 유지해야 한다.

2. 술을 저어주지 않는 정치발효를 진행한다면 초를 안치고 2~3일째 술의 표면에 초산막(초막)이 생기는 것을 볼 수 있다.

3. 초를 안친 후 대략 10~15일이면 초산발효가 완료된다. 초산발효가 끝날 무렵엔 매일 총산도를 측정하여 며칠간 같은 산도가 유지 되거나 갑자기 낮아지면 초산발효를 중단한다. 발효를 중단하지 않으면 재산화하여 쿰쿰한 냄새가 나면서 물로 변한다. 초산발효가 끝날 때의 총산도가 5~6%이며 pH는 3.0~4.0, 당도는 5 브릭스 이상이면 좋은 식초다.

4. 초산발효를 끝낸 쑥추출액 식초는 용기에 담아 산소를 차단하고, 실온이나 서늘한 곳에서 100일가량 숙성시킨 후 유리병에 담는다.

5. 유리병에 넣은 식초는 살균 처리한 다음, 냉장고나 서늘한 곳에 뚜껑을 꼭 닫아두고 사용한다.

생강, 도라지, 배는 기관지를 건강하게 해주는 대표적인 식품으로, 영양상 궁합이 좋다. 생강은 오한, 발열, 두통 등의 감기 증상을 완화해주고 도라지는 기침, 복통, 설사 등의 증상을 완화하며 배는 숙취 해소, 천식에 좋고 배변과 이뇨 작용을 돕는다. 감기가 잦은 환절기나 겨울철에 생강, 도라지, 배를 넣은 음료를 자주 마시면 감기를 예방하고, 동반되는 여러 증상들도 완화할 수 있다.

재료

도라지 400 g
생강 400 g
배 400 g
설탕 1.2 kg
누룩 30 g(또는 드라이이스트 8 g)
종초 약간

생강 · 도라지 · 배추출액 만들기

1. 생강, 도라지, 배를 깨끗이 씻어 껍질을 벗기고 잘게 잘라 믹서에 곱게 간다.

2. 곱게 간 생강, 도라지, 배, 설탕을 용기에 넣고 잘 혼합한 뒤 입구를 한지나 면보로 씌워서 고무줄로 동여맨다.

3. 서늘한 곳에 두고 매일 한 번씩 저어서 산소를 충분히 공급한다.

4. 7~10일이 지난 후 채주망을 이용하여 건더기는 걸러낸다.

5. 냉장고에 넣어 보관한다.

술 빚기

1. 맑은 생강·도라지·배추출액에 물을 넣어 당도를 14 브릭스로 맞추고 누룩(또는 이스트)과 잘 혼합하여 발효통에 넣는다.

2. 탄산가스가 나올 수 있도록 뚜껑을 닫고 실내 온도 22℃를 유지하면서 알코올발효를 진행한다.

3. 매일 한 번씩 2일간 저어준다.

4. 2주일 후에 알코올발효를 끝내면 곧바로 청주를 따라낼 수 있다. 이때 알코올도수는 대략 6~7%가 된다.

식초 빚기

1. 소독한 초산발효통에 맑은 술(청주)과 분량의 종초(술 양의 10~30%)를 넣은 뒤 초산발효시킨다. 품온은 30~35℃로 유지하고 40℃가 넘지 않도록 한다. 처음에는 품온이 낮기 때문에 실내 온도를 가급적이면 빠른 시간 내에 30℃ 이상으로 올려주어야 초산발효가 잘 진행된다. 초산발효가 끝날 때까지 품온은 30~35℃를 계속 유지해야 한다.

2. 술을 저어주지 않는 정치발효를 진행한다면 초를 안치고 2~3일째 술의 표면에 초산막(초막)이 생기는 것을 볼 수 있다.

3. 초를 안친 후 대략 10~15일이면 초산발효가 완료된다. 초산발효가 끝날 무렵엔 매일 총산도를 측정하여 며칠간 같은 산도가 유지되거나 갑자기 낮아지면 초산발효를 중단한다. 발효를 중단하지 않으면 재산화하여 쿰쿰한 냄새가 나면서 물로 변한다. 초산발효가 끝날 때의 총산도가 5~6%이며 pH는 3.0~4.0, 당도는 5 브릭스 이상이면 좋은 식초다.

4. 초산발효를 끝낸 생강·도라지·배추출액 식초는 용기에 담아 산소를 차단하고, 실온이나 서늘한 곳에서 100일가량 숙성시킨 후 유리병에 담는다.

5. 유리병에 넣은 식초는 살균 처리한 다음, 냉장고나 서늘한 곳에 뚜껑을 꼭 닫아두고 사용한다.

step 5 침출식 식초 빚기

침출식 식초는 이미 만들어진 식초에 부재료를 넣어 침출시키는 방법이다. 이 방법으로 빚은 식초는 발효 과정에서 잃거나 파괴될 수 있는 미세한 영양 성분까지 그대로 흡수할 수 있는 장점이 있다. 특히 한약재를 식초의 부재료로 쓰고 싶을 때 침출식을 사용하면 식초를 빚기도 쉽고 영양 성분을 최대한 많이 얻을 수 있다.

침출식으로 빚을 수 있는 한약재 식초

상황버섯식초	지혈과 피부 미용에 효과가 있고, 암과 성인병을 예방하며 간 기능을 좋게 한다.
솔잎식초	동맥경화와 심장병 등의 순환기 질환에 좋다.
생강식초	살균과 항균 작용을 하여 면역력을 높이며 당뇨병 치료에도 도움을 준다.
오자식초	구기자, 토사자, 사상자, 복분자, 오미자를 한방오자(五子)라고 한다. 기력 회복, 정력 증강에 좋다.
구기자식초	숙취를 해소하고 간 기능을 좋게 한다.
오미자식초	기관지에 좋고 가래를 제거한다.
블루베리식초	항암 작용과 항산화 작용이 뛰어나고 뇌 기능 강화와 눈의 건강에도 좋다.
매실식초	소화를 돕고 피로 해소와 해독 작용에 좋다.
커피식초	체지방을 분해하고 콜레스테롤을 감소시키며 암 예방에 좋다.
고추식초	피로 해소와 다이어트, 감기 예방에 좋다.
하수오식초	간장과 신장을 튼튼하게 하며 머리를 검게 한다.

황기는 입맛이 없거나 소화가 잘 안 될 때 증상을 완화해주고, 혈압을 낮추는 효과가 있다. 특히 기운을 북돋우는 효과가 있으며, 피로하고 권태감을 자주 느낄 때 먹으면 활력을 준다. 한편, 체내의 활성산소를 없애주는 항산화 작용이 뛰어나서 암과 노화를 예방한다.

기운을 북돋우는

황기식초

재료

황기 50 g
자연발효식초 500 mL
유리병

만들기

1. 건조 황기의 표면에 묻은 불순물을 마른 수건으로 떨어낸다.

2. 유리병에 황기를 넣고 황기가 잠길 만큼 자연발효식초를 부은 뒤 뚜껑을 닫아 밀폐한다.

3. 어둡고 서늘한 곳에 둔다.

4. 100일 정도 지나면 황기의 약성이 식초 속에 녹아든 황기식초가 된다.

5. 하루 50 mL가량을 생수에 희석하여 마신다.

항
산
화

효
과
가

좋
은

흑마늘식초

마늘에 든 '알리신'이라는 성분은 면역력을 강화하고 항암, 항균 작용이 있다. 특히 마늘에 열을 가하여(비효소적 갈변 반응) 만들어진 흑마늘은 항산화 효과가 매우 뛰어난 건강식품으로 주목받고 있다. 마늘식초를 빚고자 한다면 흑마늘로 빚을 것을 권한다. 단맛이 좋아지고 영양도 배가되어 더욱 건강한 식초가 완성된다.

재료

흑마늘 50 g
자연발효식초 500 mL
유리병

 만들기

1. 마늘을 껍질째 깨끗하게 씻어 전기밥솥에 넣고 보온으로 맞춘다.

2. 마늘의 크기에 따라 다르지만 대략 10~15일 정도 지나면 흑마늘이 완성된다.

3. 흑마늘의 껍질을 벗겨 유리병에 넣고 마늘이 잠길 만큼 자연발효식초를 부어 뚜껑을 닫아 밀폐한다.

4. 어둡고 서늘한 곳에 둔다.

5. 100일 정도 지나면 흑마늘의 약성이 식초 속에 녹아든 흑마늘식초가 된다.

6. 하루 50 mL가량을 생수에 희석해 마신다.

식
이
섬
유
가

풍
부
한

바나나식초

바나나에는 '프락토올리고당'이 다량 함유되어 있어 대장
에서 비피더스균의 증식을 촉진해 대장의 환경을 좋게 한다.
이 외에도 바나나에는 체내 독소와 나트륨 성분을 배출시키는
항산화 물질이 풍부해 꾸준히 마시면 몸의 부기를 빼주고 성
인병을 예방하는 데 효과가 있다. 또 식이섬유인 펙틴이 풍부
해 적은 양을 섭취해도 쉽게 포만감이 느껴져 다이어트에도
좋다.

침출식으로 만든 바나나식초는 당도가 높아 맛이 좋다.
완성된 자연발효식초에 바나나를 넣어 만들기도 하지만, 현
미로 술을 빚는 과정에서 바나나를 함께 넣어 알코올발효를
시킬 수도 있다. 또 바나나만으로 술을 빚어 알코올발효시킨
뒤 초산발효시켜 식초를 얻을 수도 있다.

재료

바나나 과육 1 kg
자연발효식초 2 L
설탕 1.5 kg

만들기

1. 바나나의 껍질을 벗기고 1 cm 간격으로 썬다.

2. 유리병에 분량의 자연발효식초와 설탕을 넣고 잘 저어가며 설탕을 녹인다. 설탕이 잘 녹지 않을 땐 식초를 약간 따뜻하게 한다.

3. 설탕이 다 녹은 후 썰어놓은 바나나를 넣고 유리병의 뚜껑을 꼭 닫는다.

4. 하루 정도 실온에 두었다가 냉장고에 넣고 10일 정도 숙성시킨 뒤 바나나의 건더기는 건져내고 식초를 먹는다.

음용하기

1. 하루에 50 mL가량을 생수에 희석해 마신다.

2. 여름철엔 생수에 얼음을 넣고 바나나식초를 조금 넣어 마시면 갈증 해소에 매우 좋다.

3. 육류 요리의 드레싱이나 소스로 좋다.

TIP

냉장고에서 숙성시킨다

바나나식초를 숙성할 때는 일정한 저온이 유지되는 냉장고에 두어야 바나나의 맛과 향이 유지된다. 실온에서 숙성할 경우 자칫하면 쿰쿰한 냄새가 날 수 있다.

단맛이 배가되어 음용하기에 좋은 침출식 식초

자연발효식초 속에 과실과 설탕을 함께 넣어두면 단맛과 신맛이 조화를 이루어 남녀노소 누구나 부담 없이 자연발효식초를 즐길 수 있다. 보다 간편하게 과실의 영양과 발효식초의 영양이 더해진 양질의 식초를 음용할 수 있다.

exercise 1   **매실** 침출식 식초

재료

청매실 1 kg
자연발효식초 2 L
설탕 1.5 kg

만들기

1. 매실을 깨끗이 씻어 씨앗을 제거하고 유리병에 분량의 설탕과 함께 넣고 뚜껑을 닫아 실온에 둔다.

2. 1주일 후에 자연발효식초를 넣고 설탕이 녹을 때까지 저어준다.

3. 10일 정도 냉장고에 넣고 숙성시킨 뒤 매실은 건져내고 식초를 먹는다.

exercise 2   **블루베리** 침출식 식초

재료

블루베리 1 kg
자연발효식초 2 L
설탕 1.5 kg

만들기

1. 블루베리를 깨끗이 씻어 유리병에 분량의 설탕과 함께 넣고 뚜껑을 닫아 실온에 둔다.

2. 1주일 후에 자연발효식초를 넣고 설탕이 녹을 때까지 저어준다.

3. 10일 정도 냉장고에 넣고 숙성시킨 뒤 블루베리는 건져내고 식초를 먹는다.

exercise 3 **복분자** 침출식 식초

재료

복분자(유기농) 1 kg
자연발효식초 2 L
설탕 1.5 kg

만들기

1. 복분자를 깨끗이 씻어 유리병에 분량의 설탕과 함께 넣고 뚜껑을 닫아 실온에 둔다.

2. 1주일 후에 자연발효식초를 넣고 설탕이 녹을 때까지 저어준다.

3. 10일 정도 냉장고에 넣고 숙성시킨 뒤 복분자는 건져내고 식초를 먹는다.

exercise 4 **꾸지뽕** 침출식 식초

재료

잘 익은 꾸지뽕 열매(유기농) 1 kg
자연발효식초 2 L
설탕 1.5 kg

만들기

1. 꾸지뽕 열매를 깨끗이 씻어 유리병에 분량의 설탕과 함께 넣고 뚜껑을 닫아 실온에 둔다.

2. 1주일 후에 자연발효식초를 넣고 설탕이 녹을 때까지 저어준다.

3. 10일 정도 냉장고에 넣고 숙성시킨 뒤 꾸지뽕 열매는 건져내고 식초를 먹는다.

> 꾸지뽕은 항산화 물질인 폴리페놀과 플라보노이드 등을 함유하고 있으며, 면역력 강화, 노화 방지에 도움을 주는 것으로 알려져 있다. 꾸지뽕나무의 뿌리와 잎은 말려서 차로 사용하며 열매는 즙의 형태로 먹는다.
> 꾸지뽕 열매의 효능을 더 많이 추출하기 위해서는 꾸지뽕 열매를 믹서에 갈아서 식초에 넣어 냉장고에서 숙성시킨 후 면보에 건더기를 걸러내고 먹는다.

자연발효식초
응용하기

자연발효식초를 활용한 건강식품

콜럼버스가 신대륙을 발견하게 해준 가장 큰 공신은 식초에 절인 양배추였다고 한다. 식초에 절인 양배추는 비타민 C가 파괴되지 않고 미네랄이 풍부해서 오랜 항해에도 선원들의 건강을 유지시킬 수 있었다. 반면에 소금에 절인 양배추를 싣고 오랜 항해를 했던 배의 선원들은 비타민 C의 파괴로 인하여 괴혈병에 걸려 죽었다고 한다.

이처럼 식초와 음식이 만나면 그 영양이 배가되고 음식의 맛도 한층 좋아진다. 식초의 신맛은 음식에 들어가는 조미료 역할만이 아니라, 건강을 지켜주는 주도적인 역할을 한다.

초밀란

초밀란은 식초에 달걀의 껍데기를 녹이고 꿀을 넣어 만든 건강식품이다. 꿀을 넣으면 초밀란(초 醋 꿀 蜜 알 卵)이고, 꿀을 넣지 않고 만들면 초란(초 醋 알 卵)이라고 부른다. 달걀껍데기인 난각은 탄산칼슘으로 구성되어 있어 식초에 녹으면 초산칼슘이 된다. 칼슘은 비교적 흡수가 잘 안 되는 무기질이지만, 식초와 함께 먹으면 흡수율을 4~8배가량 높일 수 있다. 달걀껍데기만 식초에 녹여서 먹기도 하지만, 껍데기뿐만 아니라 흰자와 노른자까지 함께 먹으면 달걀노른자에 풍부한 비타민 D와 레시틴을 섭취할 수 있다. 그뿐만 아니라 피를 맑게 해주고 해독을 도와 질병 예방에 효과적이다.

초밀란을 만들 때 가장 중요한 것은 좋은 달걀과 좋은 식초를 사용하는 것이다. 달걀은 토종닭이나 오골계의 알이나 유정란이 좋다. 유정란 중에도 항생제를 사용하지 않고 방목하여 키운 닭의 알을 권한다. 흔히 유정란의 흰자와 노른자를 먹는 것으로 생각하는데 사실은 유정란의 껍데기를 먹는 것이다. 따라서 달걀의 껍데기가 잘 녹고 칼슘 흡수가 잘되는 식초를 사용해야만 좋은 초밀란을 만들 수 있다. 산도가 낮은 감식초나 칼슘 섭취를 방해하는 주석산(타타르산)이 있는 과일식초보다는, 구연산과 아미노산이 풍부한 산도 5% 이상의 현미식초를 사용하는 것이 좋다.

초밀란의 영양 성분을 더 높이기 위하여 화분을 첨가하기도 하는데, 화분은 생산지의 품질 상태를 꼼꼼히 확인하고 사용한다. 대개의 경우 화분을 첨가하지 않고 복용을 하는 편이다. 초밀란은 음식을 먹고 적당히 소화하고 난 뒤 먹는다. 그러나 위장병이 있다면 식사를 끝낸 후 즉시 복용하는 것이 좋다.

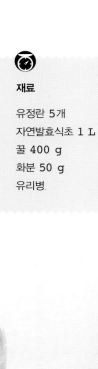

재료

유정란 5개
자연발효식초 1 ℓ
꿀 400 g
화분 50 g
유리병

1. 식초와 담금주(알코올도수 30%)를 혼합한 물에 유정란을 30분가량 담근다.

2. 유정란의 겉부분이 살짝 벗겨질 때 흐르는 물로 유정란의 표면을 깨끗이 씻고 마른 수건으로 잘 닦는다.

3. 유리병에 유정란을 넣고 유정란이 충분히 잠기도록 식초를 붓는다. 유리병의 70%까지만 식초를 붓는 것이 좋다.

4. 뚜껑을 닫아 어둡고 시원한 곳에 놓는다.

5. 겉껍데기인 난각이 식초의 초산에 의해 녹으면서 이산화탄소가 발생해 거품이 생긴다.

6. 유정란은 처음엔 가라앉다가 시간이 지나면서 점점 위로 뜨고, 흰자와 노른자를 감싸고 있는 내난각막에 의해 삼투압 현상이 일어나면서 유정란의 크기가 커지고 위아래로 움직인다.

7. 2~3일 후 유정란의 껍데기가 녹아내리고 1주일 후엔 외난각막이 녹는다.

8. 1주일 후 녹지 않은 내난각막을 터뜨려 건진다.

9. 믹서를 이용하여 유정란의 껍질이 녹아 있는 식초와 흰자, 노른자, 꿀, 화분을 잘 혼합한 뒤 유리병에 넣고 뚜껑을 닫는다.

10. 냉장고에 넣고 매일 저으면서 2~3일간 숙성시킨 후 다른 용기로 옮기거나 그대로 음용한다.

POINT **산도가 높은 식초를 이용한다**

유정란과 식초의 비율이 맞지 않거나 식초의 산도가 낮으면 껍데기가 다 녹지 않는 경우가 있다. 이 경우엔 용기를 잘 흔들어주면 다시 녹는다. 그러나 일주일이 지나도록 껍데기가 다 녹지 않는다면 산도가 높은 식초를 추가한다.

음용하기

아침저녁으로 50 mL(소주잔 한 잔)를 그대로 마시거나 기호에 따라 생수에 희석해 마신다. 꿀을 넣지 않고 초란을 만들어 매실추출액을 혼합해서 먹기도 하는데, 이때 초란과 매실추출액, 생수의 비율은 1:1:3이 적당하다. 또 초밀란에 흑마늘과 쥐눈이콩, 검정깨를 섞어 환을 만들고 건조시키면 초밀란 마늘환이 된다. 이때 쥐눈이콩과 검정깨는 살짝 볶아 분쇄해 쓰고 흑마늘, 쥐눈이콩, 검정깨, 초밀란을 5:2:1:2 비율로 섞는다. 매일 꾸준히 섭취하면 건강기능식품으로서 손색이 없다.

초밀란의 영양 효과

자연발효식초를 섭취하여 피로를 이긴다

초밀란을 먹으면 자연발효식초를 많이 섭취할 수 있다. 식초는 피로 해소에 큰 효과가 있으므로 초밀란을 꾸준히 복용하면 피로가 해소되고 자연발효식초 속의 여러 유기산과 단백질, 아미노산, 비타민, 무기질, 생리활성 물질로 인해 항암, 항노화, 항산화 효과를 높일 수 있다. 또 곡물과 육류 섭취가 과다해 생기는 산혈증을 예방해준다.

유정란의 껍데기에서 칼슘을 섭취해 골다공증을 예방한다

칼슘은 흡수량이 많으면 몸 밖으로 배출되지만 부족하면 뼛속의 칼슘을 가져와 쓰기 때문에 골다공증이나 관절염 등이 생긴다. 골다공증이나 고혈압, 대장암 등의 질환에는 칼슘의 보충이 중요하고, 특히 폐경기 이후의 여성들과 임산부, 노인, 성장기 어린이들에게 칼슘의 섭취는 매우 중요하다. 달걀 껍데기가 식초에 녹아 만들어지는 초산칼슘은 질 좋은 칼슘 보충제다.

달걀의 노른자에서 레시틴lecithin을 섭취해 혈액 순환을 돕는다

세포막의 중요한 구성 성분인 레시틴은 혈관 벽에 생성된 혈전을 용해하여 혈액 순환을 원활히 하고 동맥경화와 심근경색, 협심증, 뇌출혈의 발생을 예방한다. 뇌에 레시틴이 부족하면 신체 각 기능이 둔화되고 신경 전달이 원활하지 않아 기억력이 저하된다.

꿀을 섭취해 노폐물을 제거한다

꿀에는 칼륨(K), 나트륨(Na), 철(Fe), 마그네슘(Mg), 칼슘(Ca), 아연(Zn)과 같은 무기 성분이 많다. 꿀에 많이 함유되어 있는 칼륨은 혈액 속의 노폐물을 몸 밖으로 배출한다. 천연 비타민 건강식품인 화분과 꿀 속의 효소는 피를 맑게 하고 혈액 순환을 돕는다. 또한 변비를 해소해주며 피부 미용과 숙취 해소, 면역력 증진, 위장병 등에 효과가 있다.

초절임 채소

초절임을 할 수 있는 채소는 다양하다. 오이, 무, 양파, 양배추, 파프리카, 고추, 다시마 등 우리가 흔히 시장에서 구입해 먹는 채소는 대부분 초절임을 할 수 있다. 채소를 초절임하면 채소 속에 있는 비타민, 무기질, 섬유질을 자연발효식초의 풍부한 유기산과 함께 섭취할 수 있어 영양이 우수해진다. 육류와 같은 기름진 음식을 먹을 때 곁들여 먹으면 입맛을 돋울 뿐만 아니라 영양적으로 균형을 이룰 수 있다.

재료

자연발효식초 1 L
생수 1 L
설탕 500 g
소금 30~40 g
채소류(오이, 무, 양파, 파프리카, 고추 등) 1 kg

만들기

1. 채소를 먹기 좋은 크기로 썬다.

2. 분량의 자연발효식초에 생수, 설탕, 소금을 넣고 잘 저어서 배합초를 만든다. 설탕과 소금의 양은 기호에 따라 조절한다. 양파 초절임의 경우 소금 대신 간장을 사용하기도 한다.

3. 유리병에 채소를 넣고 채소가 잠길 만큼 배합초를 붓는다.

4. 3일가량 냉장고에서 숙성시킨 후 먹는다.

초배즙

배에 도라지, 생강, 은행을 넣고 진하게 달인 뒤 자연발효
식초를 첨가해 먹는 식품이다. 소화 효소가 많고 기관지 질환
에도 효과적인 배와, 감기와 기관지염, 기침 등에 효과가 있는
도라지를 첨가한 초배즙은 겨울철 목감기 예방과 기관지 보호
에 도움을 준다.

과식을 했거나 숙취가 심한 경우에 초배즙을 마시면 소화
도 잘되고 숙취 해소에도 도움을 준다. 식초가 도라지의 텁텁
한 맛을 잡아주고 배의 단맛과 향이 더해져 건강음료로 손색
이 없다. 환절기와 겨울철엔 따뜻하게 데워서 먹고, 여름철엔
냉동고에 넣고 얼려서 먹는 것도 좋다.

재료

배 3 kg
도라지 200 g
자연발효식초 0.2 L
생강 약간
은행 약간

 만들기

1. 배는 껍질을 벗기고 적당한 크기로 썰고 도라지, 생강, 은행도
   깨끗하게 씻는다.

2. 냄비에 배, 도라지, 생강, 은행을 넣고 1시간 이상 뭉근하게 끓
   인다.

3. 색이 짙어지면서 진액이 우러나면 불을 끄고 식힌다.

4. 배즙이 식으면 면보에 넣어 즙을 짜내고 자연발효식초를 첨가
   한다.

5. 유리병에 넣고 냉장고에 보관하면서 먹는다.

초
콩

날콩에는 단백질을 분해하는 효소인 '트립신'의 작용을 억제하는 '트립신 저해제'가 들어 있다. 트립신은 장내에서 단백질을 가수분해하는데, 콩을 익히지 않고 먹으면 그 안에 있는 트립신 저해제 때문에 단백질이 소화되지 못해 설사가 난다. 하지만 식초에 절여 먹으면 식초가 트립신 저해제를 변성시켜 익히지 않고 먹어도 좋다.

또 콩에는 '제니스테인genistein'이라고 불리는 '이소플라본isoflavones'이 들어 있어, 체내에서 여러 가지 기능을 한다. '제니스테인'은 여성호르몬인 '에스트로겐estrogen'과 동일한 작용을 하기 때문에 '식물성 에스트로겐피토에스트로겐 phytoestrogen'이라고 불리기도 한다. 이소플라본의 주요 기능은 항암 작용으로 특히 유방암, 전립선암의 예방과 밀접한 관련이 있는 것으로 알려져 있다.

콩에는 혈액 순환을 원활히 하고 세포를 강화하며 동맥경화와 심근경색, 협심증, 뇌출혈의 발생을 예방하는 레시틴도 풍부하며, 비타민 B와 E도 많이 함유되어 있다.

초콩을 만들 때에는 쥐눈이콩(서목태, 검정 약콩)이 좋고, 유기산과 단백질, 아미노산 등이 풍부한 현미식초를 사용할 것을 권한다.

TIP

청국장 콩을 사용하면 영양이 배가된다

잘 발효된 청국장의 콩알을 사용해도 좋다. 청국장은 아미노산이 풍부하고 소화 흡수율이 높은 데다 항암 작용과 항노화 효과가 있어 영양적으로 우수한 식품이다. 청국장 초콩을 빚을 때는 청국장의 콩알을 3일 동안 완전히 건조시켜(건조기를 이용하면 편리하다) 유리병의 3분의 1을 채우고, 나머지 3분의 2는 식초를 부은 다음 2일 후에 식초를 따라내고 초콩을 먹는다.

재료

쥐눈이콩 1 kg
자연발효식초 2 L
유리병

만들기

1. 깨끗한 물에 콩을 재빨리 헹구고 키친타월로 물기를 닦는다.

2. 마른 프라이팬 위에 콩을 올려 껍질이 터질 때까지 볶는다.

3. 콩은 식초를 흡수하면 부풀어 오르므로 유리병의 3분의 1만 콩을 채우고, 나머지 3분의 2는 식초를 붓는다. 콩이 부풀어 식초에 잠기지 않을 때는 식초를 더 붓는다.

4. 어둡고 차가운 곳에 2일 정도 보관 후 체에 걸러 콩과 식초를 분리하여 용기에 넣고 냉장 보관한다. 이때 식초는 검정콩의 영향으로 검게 되어 항산화 물질이 풍부한 식초가 된다.

5. 콩은 그대로 씹어 먹고, 식초는 음용하거나 요리에 첨가해 먹는다.

복용하기

1. 처음에는 적은 양으로 먹기 시작해서 차츰차츰 양을 늘리는 것이 좋다. 한꺼번에 많이 복용하면 구토나 설사를 일으킬 수 있고, 심할 경우 위장장애가 생긴다. 속쓰림이 있거나 구토 증세가 보이면 양을 줄이는 것이 좋다.

2. 식사하는 중간에 반 숟가락(7~8알) 정도 입에 넣고 꼭꼭 씹어 먹는다.

3. 초콩을 요구르트나 주스와 함께 갈아 마시면 변비 예방에 효과가 있다. 2~3개월가량 꾸준히 먹는다.

TIP

살짝 볶으면 비린내가 제거되고 향미도 좋아진다

콩을 익히지 않고 사용해도 소화에는 무리가 없지만, 콩 특유의 비린내가 날 수 있으므로 마른 프라이팬에 살짝 볶아 사용한다. 이렇게 하면 비린내가 제거되고 콩의 구수한 맛도 살릴 수 있다. 초콩에 사용할 식초는 감식초와 같이 산도가 높지 않아도 좋다.

초우유와 초두유

우유와 두유에 식초를 섞으면 요구르트처럼 엉기는 현상이 일어난다. 우유나 두유 속에 칼슘이 많다고 하지만 체내 흡수가 잘 되지 않는데, 식초를 넣어 마시면 칼슘 섭취를 4~8배 정도 높일 수 있다. 아이들의 간식이나 아침 식사 대용으로 간편한 영양식을 만들 수 있다.

재료

우유 또는 두유 200 mL
자연발효식초 20 mL

자연발효식초를 활용한 요리 Tip

요리에 식초가 응용되는 경우는 일일이 열거할 수 없을 만큼 다양하다. 각종 드레싱에 부재료로 사용되고 밑간을 하는 데도 중요한 역할을 한다. 여기서는 식초를 주재료로 하는 요리 Tip 몇 가지를 소개한다.

단촛물

단촛물은 식초에 소금, 설탕을 넣고 만든 물로, 보통 초밥이나 김밥을 만들 때 밥에 밑간용으로 사용한다. 다시마와 레몬을 넣으면 한층 감칠맛이 나고 산뜻한 맛이 나 식욕을 돋운다.

재료

자연발효식초 1 L
설탕 200 g
소금 25 g
다시마(5×5 ㎝) 2장
레몬즙 약간

만들기

1. 분량의 자연발효식초와 설탕, 소금을 넣고 저어가며 녹인다.

2. 설탕과 소금이 녹으면 레몬즙을 넣고 다시마는 하루 동안 담갔다가 건진다.

3. 완성된 단촛물은 유리병에 붓고 밀폐해 냉장 보관하고 필요할 때마다 꺼내 사용할 수 있다.

4. 청양고추를 넣으면 매콤한 맛을 가미할 수 있다.

식초는 드레싱의 감초다. 육류와 해산물 샐러드에 모두 어울려서 수백 가지의 드레싱을 만들 수 있다. 잘 빚은 자연발효식초만 있다면 다른 첨가물을 많이 넣지 않고도 깔끔하고 감칠맛 나는 드레싱이 된다. 드레싱은 재료를 섞어서 냉장고에서 한 시간 이상 숙성시키면 재료 본연의 맛이 잘 어우러진다.

육류에 곁들이는 드레싱

자연발효식초 15 mL
올리브유 30 mL
설탕 7.5 g
소금 2.5 g
다진 마늘 1 g

해산물에 곁들이는 드레싱

자연발효식초 15 mL
간장 30 mL
설탕 15 g
레몬즙 2.5 mL

마리네이드marinade는 육류나 생선을 조리하기 전에 밑간해 육질을 부드럽게 하거나 잡내를 없애는 것을 말한다. 자연발효식초를 첨가해 마리네이드를 하면 질긴 고기를 연하게 하고, 생선의 경우 조리할 때 비린내를 제거할 수 있다.

육류용 마리네이드

자연발효식초 7.5 mL
허브 가루 2.5 g
후춧가루 1 g

생선용 마리네이드

자연발효식초 15 mL
소금 5 g
생강즙 2.5 mL

153

자연발효식초 음용법

자연발효식초를 잘 빚었다면 잘 먹는 것도 중요하다. 식초는 톡 쏘는 신맛 때문에 거부감이 들어 오랫동안 대중화되지 못했다. 그러나 최근에는 음료처럼 마실 수 있도록 산도를 낮추고 맛과 향을 배가한 여러 가지 식초들이 출시되는 경향이다.

하루에 50~60 mL가량을 물로 5~10배 희석해 마신다

일반적으로 거부감 없이 마시기에 적절한 식초의 총산도는 0.5~1%이다. 보통 자연발효식초는 총산도가 4% 이상이므로 적어도 5~10배가량 물로 희석해 마시는 것이 좋다. 하루 섭취량은 사람에 따라 다르지만 성인 남녀의 경우 소주잔으로 1잔 정도(약 50 mL)를 5~10배의 물에 희석해 마신다. 공복에 마시거나 과하게 마시면 초산 성분이 위에 부담을 주어 위장장애를 일으킬 수 있으니 반드시 식후에 정량을 마실 것을 권한다. 처음 마실 때는 식초와 물의 비율을 1:10 정도로 묽게 해서 마시는 것이 좋지만 신맛을 싫어하거나 위장장애가 있다면 1:20 정도로 아주 묽게 해서 마시는 것도 좋다. 식초를 먹고 생수로 입을 헹구면 치아를 보호할 수 있다.

목넘김이 좋은 버몬트 식초

식초에 꿀을 섞어 만든 음료가 버몬트 식초다. 1950년경 미국의 자비스(Javis)라는 의학 박사가 미국의 버몬트 주의 민간요법을 연구하여 〈민간요법 : 버몬트 의사의 건강 가이드(Folk Medicine : A Vermont Doctor's Guide to Good Health)〉라는 책을 출간했다. 책에 보면 버몬트 주의 건강 비결로 식초가 각광을 받았는데, 그중 가장 인기 있는 것이 사과식초에 꿀을 섞어 먹는 것이었다. 이것이 버몬트 음료라고 전해진다. 버몬트 식초는 자연발효식초의 영양과 꿀의 영양을 함께 섭취할 수 있고, 식초의 새콤함과 꿀의 달콤함이 어우러져 아이들도 좋아하는 영양 음료가 된다. 꿀은 밤꿀이나 아카시아꿀, 잡화꿀 등 시판되는 어떤 꿀이라도 좋다. 자연발효식초와 꿀의 비율을 5:5 또는 4:6 정도로 맞추고 잘 섞은 뒤 우유나 물에 희석해 먹는다.

식후에 마신다

식초는 음식의 소화와 영양 흡수를 돕기 때문에 식후에 마시면 좋다. 특히 음식으로 잘 흡수가 되지 않은 채 배설되는 칼슘의 경우 식초를 마시면 흡수율이 높아진다.

운동 후 음주 후에 좋다

운동 후나 음주 후에 갈증이 생길 때 음료수 대용으로 섭취하면 좋다. 격렬한 운동 뒤에 흐트러진 몸을 빨리 회복시켜 정상적인 상태로 만들어준다. 식초만 물에 희석해서 마셔도 좋지만 꿀과 식초의 비율을 5:5 또는 6:4로 섞고 생수를 약간 희석해 마시면 더 좋다. 특히 음주 후에 숙취 해소를 위하여 꿀물식초를 마시면 효과가 매우 좋다.

식품(음료)에 섞어 먹는다

식초에 꿀을 타서 마시거나 요구르트나 주스, 우유, 두유 등에 섞어 마셔도 좋다. 또 매실청이나 유자청, 오미자청 등의 추출액에 섞어 마시면 맛과 향이 배가된다. 우유나 두유에 넣어 마시면 칼슘이 필요한 노인이나 임산부, 성장기 아이들에게 좋은 간식이 된다.

휴대해서 마시기

바쁜 일과 속에서 매일 식후에 식촛물을 먹기는 쉬운 일이 아니다. 필자는 아침에 일터에 나가기 전 500 mL 생수병에서 소주 한 잔 분량(50 mL)의 물을 따라내고 식초를 채워서 휴대하며 수시로 마신다. 이렇게 습관을 들이면 장소나 시간에 구애받지 않고 식초를 음용할 수 있다. 집에 있을 때는 생수나 보리차에 10배 이상 희석해 차처럼 자주 마시면 건강에 큰 도움이 된다.

자연발효식초 빚기 FAQ

식초를 빚으면서 가장 궁금해하는 몇 가지 질문을 모았다.

**❓ 초산발효 후 신맛이 나 초산발효를 중단했는데
어느 날 보니 신맛이 없어지고 물이 되었습니다.**

❗ 식초 신맛의 주체인 초산을 만들어내는 균의 종류는 여러 가지가 있습니다. 그중에서 초산을 가장 많이 만들어내는 초산균인 아세토박터 아세티*Acetobacter aceti*는 알코올을 초산으로 만들기도 하지만, 초산과 젖산을 재산화하여 이산화탄소와 물로 만들기도 합니다. 식초의 산도가 정점에 도달했을 때 재산화가 되지 못하게 산소 공급을 차단하거나 살균 처리를 해야 합니다. >참고 058쪽

❓ 식초가 완성된 것을 무엇으로 알 수가 있나요?

❗ 초산발효는 술의 양과 발효 온도, 종초의 사용량에 따라 끝나는 시점이 모두 다르기 때문에 일률적으로 말하기는 어렵습니다. 다만 술의 알코올도수를 6~8%, 품온 30~35℃로 맞추고 종초를 20% 사용하였다면, 1주일 후에 신맛이 나고 10~20일 내에 초산발효가 끝날 수 있습니다.

이때 산소 공급을 차단하고 숙성에 들어가는 것이 좋습니다. 하지만 좀 더 좋은 식초를 만들고자 한다면 총산도를 측정해 총산도가 5~6%가 되었을 때 숙성에 들어가는 것이 바람직합니다. 산도 측정이 쉽지 않았던 옛날에는 식촛병 위에 깨끗이 닦은 동전(구리)을 얹어두고 산화되어 동전의 색이 변하면 식초가 다 된 것으로 보았습니다. >참고 086쪽

❓ 산도가 잘 올라가지 않는데 이럴 때는 어떻게 해야 하나요?

❗ 식초의 산도는 식초 속에 들어 있는 유기산들의 전체 비율을 뜻하므로 일반적으로 총산도를 의미합니다. 다시 말해 식초 속에 초산뿐만 아니라 사과산, 구

연산, 주석산 등이 얼마나 들어 있는지를 나타내는 수치입니다. 하지만 산도를 높이는 데 지대한 영향을 주는 유기산은 바로 초산으로, 초산균이 잘 자라야만 산도를 높일 수 있습니다.

초산균이 좋아하는 온도 30~35℃, 알코올도수 6~8%를 잘 맞추고 산소 공급을 원활히 해주어야 합니다. 총산도가 더 잘 오르게 하려면 종초를 10~30% 가량 넣는 것이 좋습니다.

총산도가 올라가지 않는 것은 초산균보다는 젖산균이 활동을 많이 했거나, 초산균의 기본적인 생육 조건을 잘 맞추지 못해 초산균이 잘 자라지 못했기 때문입니다. 발효 조건을 다시 점검하고 처음부터 차근차근 다시 시작하고 총산도의 최고점에서 산소를 차단하는 것을 잊지 말아야 합니다.>참고 058쪽

? 식촛병 속에 물컹한 덩어리가 생겼는데 그대로 발효를 해도 되나요?

❗ 초산발효에 관여하는 초산균들 중에 아세토박터 자일리넘$^{Acetobacter\ xylinum}$이나 아세토박터 파스퇴리아누스$^{A.\ pasteurianus}$, 아세토박터 한세니이$^{A.\ hansenii}$ 등은 술독 속에서 초산을 만들지만 셀룰로오스^{cellulose}라는 섬유소도 만듭니다. 식촛병 속의 물컹한 덩어리는 바로 이 셀룰로오스로서 셀룰로오스가 생겨도 식초는 만들어 집니다.

한번 생긴 셀룰로오스는 초산균을 바꾸지 않는 이상 아무리 제거해도 또다시 생기므로 일부러 제거할 필요는 없습니다.

셀룰로오스가 생기지 않도록 초산발효를 하려면 처음부터 셀룰로오스를 만들지 않는 아세토박터 아세티$^{Acetobacter\ aceti}$와 같은 초산균이 들어 있는 종초를 넣어 초산발효를 진행하면 됩니다.>참고 046,061쪽

? 어떤 것이 초산막(초막)인가요?

❗ 알코올발효도 쉽지는 않지만 초산발효 역시 여러 가지 복합적으로 어려운 문제들이 많습니다. 초산균이 좋아하는 여건을 만들어주고 종초를 20% 정도 넣어주면 가장 쉽게 초산발효를 진행할 수 있지만 이상 발효들이 발생할 수도 있습니다. 여기서 초산발효가 잘 진행되고 있는지 아니면 이상 발효가 진행되고 있는지 알 수 있는 가장 좋은 방법 중 하나가 초산막의 상태를 눈으로 확인하는 것

입니다.

　정치발효(용기를 저어주지 않는 발효법)로 현미식초를 빚는 경우에 초산발효의 조건들을 잘 맞춰주었다면 2~3일째 술독 위에 막들이 생기게 되는데 그 막의 형태가 마치 겨울철 연못의 물에 살얼음이 어는 것처럼 보이고, 1주일이 지나면 하얀 눈이 내린 것처럼 보인다면 초산균이 잘 자라고 있는 것입니다.>참고 046쪽 하지만 식초를 만드는 재료에 따라 초산막의 형태가 매우 다양하므로 일률적으로 말하기는 곤란합니다. 다만 초산막에 거품이 일어나거나 털이 나 있고 중간중간 푸른빛을 보이는 균체들이 생겼다면 이상 발효가 확실하므로 바로 폐기하는 것이 좋습니다.>참고 057쪽

❓ 시판 주정식초와 자연발효식초의 차이점은 무엇인가요?

❗ 시판 식초는 주정을 이용하여 빠르게 식초를 만들어 초산만이 생성되고 그 초산에 곡물당화액이나 과일착즙액 등을 넣어 인위적으로 맛을 낸 식초입니다. 하지만 자연발효식초는 곡물이나 과일로 직접 술을 빚어 그 술로 초산발효를 시키고 숙성을 시킨 식초이므로 곡물이나 과일에 들어 있는 영양 성분이 그대로 녹아 있습니다. 초산발효 과정에서도 초산뿐만 아니라 60여 종의 유기산이 풍부하게 생성되며 발효와 숙성 과정에서 여러 생리활성 물질과 항산화, 항노화 물질들이 생성되기도 하고 맛이 깊어지기도 합니다. 결국 식초를 만들어내는 원재료의 차이와 발효 숙성 기간의 차이에 의하여 주정식초와 자연발효식초는 영양학적으로 매우 큰 차이가 있습니다.>참고 039쪽

❓ 어떤 식초가 좋은 식초인가요?

❗ 가장 먼저 유기산이 다양하고 풍부해야 합니다. 초산뿐만 아니라 구연산이나 사과산, 주석산 등이 우리 몸에 좋은 영향을 주기 때문입니다. 또한 식초가 만들어지는 원료인 곡물이나 과일이 갖고 있었던 영양 성분들도 풍부하게 녹아 있어야 하며 발효와 숙성의 과정에서 생긴 여러 생리활성 물질도 풍부하게 녹아 있는 식초가 좋은 식초입니다. 또한 총산도는 4% 이상이어야 좋은 식초라고 할 수 있지만, 음용을 목적으로 한다면 총산도가 4% 이하여도 무방합니다.>참고 022-023쪽

? 자연발효식초를 만들 때 종초가 꼭 필요한가요?

! 초산발효에 주도적인 역할을 하는 미생물은 초산균으로, 이 초산균의 활동과 성장에 의해 좋은 식초가 만들어지는 것입니다. 하지만 공해로 오염된 도심지처럼 열악한 환경 속에서 초산발효를 하게 되면 우량한 초산균이 발효통에 들어가기 어렵습니다. 그러므로 초산균이 살아 있는, 미리 만들어둔 식초인 종초를 술과 같이 넣어줌으로써 발효통 속에서 초산발효가 잘 일어나게 도와줍니다. 결국 좋은 초산발효를 원한다면 종초를 넣어주는 것이 좋습니다.^{>참고 062쪽}

? 흑초는 무엇인가요?

! 일반적으로 높은 온도에서 아미노산과 당이 결합하면 진한 갈색으로 변하는 것을 '마이얄 반응'이라고 합니다. 현미로 술을 만들어 초산발효를 시킨 후 숙성 과정을 거치면서 현미 속의 단백질이 아미노산이 되고 그 아미노산이 당과 결합을 하게 되면 진한 갈색으로 변합니다. 숙성의 시간이 1년에서 2년 정도 지나면 점점 더 진한 갈색이 되어 마치 검은색처럼 보이게 되어 검은 식초라는 뜻의 흑초라고 부릅니다. 흑초는 단백질이 풍부한 원재료를 이용하여 만들어진 식초가 오랜 숙성 기간을 거치면서 변화된 것으로, 영양학적으로 우수하다고 볼 수 있습니다.^{>참고 024쪽}

? '발사믹식초'는 어떻게 만드나요?

! 이탈리아 모데나 지방에서 포도를 채취하고 으깬 후에 끓여서 수분을 50%까지 졸입니다. 이렇게 하면 당도가 25 브릭스이었던 포도는 50 브릭스의 포도즙이 됩니다. 여기에 와인식초를 첨가하여 1번 오크통에 넣고 2년을 숙성시키면 수분이 증발하여 다시 당도가 높아집니다. 다시 재질이 다른 2번, 3번, 4번 오크통으로 2년마다 옮겨 담아 결국 70~80 브릭스의 식초를 만듭니다. 오랜 숙성 기간과 오크통의 재질에 따라 향이 좋은 발사믹식초가 탄생합니다.^{>참고 027쪽}

APPENDIX

● 식품공전에 나타난 식초의 정의

제5. 식품별 기준 및 규격

21. 조미식품

조미식품이라 함은 식품을 제조·가공·조리함에 있어 풍미를 돋우기 위한 목적으로 사용되는 것으로 식초, 소스류, 토마토케첩, 카레, 고춧가루 또는 실고추, 향신료가공품, 복합조미식품 등을 말한다.

21-1 식초

1) 정의

식초라 함은 곡류, 과실류, 주류 등을 주원료로 하여 발효시켜 제조하거나 이에 곡물당화액, 과실착즙액 등을 혼합·숙성하여 만든 발효식초와 빙초산 또는 초산을 먹는물로 희석하여 만든 희석초산을 말한다.

2) 원료 등의 구비요건

3) 제조·가공기준

(1) 발효식초와 희석초산은 서로 혼합하여서는 안 된다.

4) 식품유형

(1) 발효식초

과실·곡물술덧(주요), 과실주, 과실착즙액, 곡물주, 곡물당화액, 주정 또는 당류 등을 원료로 하여 초산발효한 액과 이에 과실착즙액 또는 곡물당화액을 혼합·숙성한 것을 말한다. 이 중 감을 초산발효한 액을 감식초라고 한다.

(2) 희석초산

빙초산 또는 초산을 먹는물로 희석하여 만든 액을 말한다.

(3) 기타식초

식품유형 (1)~(2)에 정하여지지 아니한 식초를 말한다.

5) 규격

(1) 총산(초산으로서, w/v%) : 4.0~20.0(다만, 감식초는 2.6 이상)

(2) 타르색소 : 검출되어서는 안 된다.

(3) 보존료 (g/L) : 다음에서 정하는 것 이외의 보존료가 검출되어서는 안 된다.

파라옥시안식향산메틸 파라옥시안식향산메틸	0.1 이하(파라옥시안식향산으로서)

6) 시험방법

(1) 총산

검체 10 mL를 취하고, 이에 끓여서 식힌 물을 가하여 100 mL로 하고 그 20 mL를 페놀프탈레인시액을 지시약으로 하여 0.1 N 수산화나트륨액으로 측정한다.

> 0.1 N 수산화나트륨액 1 mL = 0.006 g CH_3COOH

(2) 타르색소

제9. 일반시험법 2.4 착색료에 따라 시험한다.

(3) 보존료

제9. 일반시험법 2.1 보존료에 따라 시험한다.

●아미노산 [amino acid]

염기성 아미노기 $-NH_2$와 산성의 카르복실기 $-COOH$를 가진 유기 화합물을 통틀어 이르는 말로, 모든 생명 현상을 관장하고 있는 단백질의 구성 단위다.

천연에는 100개 이상의 아미노산이 존재하는데, 이 가운데 약 20개의 아미노산이 원생동물(단세포동물의 총칭)에서 동식물에 이르는 유기체有機體에 공통으로 존재하며 단백질 합성에 이용된다. 이 중에 8가지는 인체에서 합성이 불가능한 필수아미노산이므로 음식물로부터 섭취해야 하고, 나머지 12개는 비필수아미노산으로 아미노기 전달 반응이라고 하는 산화-환원 반응에 의해 합성된다. DNA는 아미노산을 특정 위치에 배열하여 단백질이 만들어지도록 한다. 각각의 아미노산은 펩티드 결합으로 구성되어 다양한 단백질을 만들고 있다.

• 필수아미노산(8가지)

❶ 발린valine : 근력을 높여주고 정신적인 안정을 돕는 기능을 한다. 땅콩과 콩, 버섯, 고기에 포함되어 있다.

❷ 트립토판trytophane : 뇌 기능을 담당하는 신경물질의 재료로, 긴장을 완화하고 두통을 감소시키는 기능을 한다. 부족하면 피부 질환과 설사, 치매가 발생한다. 우유와 땅콩, 생선, 고기, 바나나에 포함되어 있다.

❸ 페닐알라닌phenylalanine : 적혈구 세포의 산소 운반색소인 헤모글로빈에 가장 많이 들어 있으며, 주의력 향상에 도움을 주고 혈관을 보호하며 뇌세포를 재생한다. 콩과 고기, 호박 등에 포함되어 있다.

❹ 메티오닌methionine : 혈중 콜레스테롤의 수치를 낮추어 고혈압과 심혈관계 질환을 예방하며 탈모를 방지하는 기능을 한다. 콩과 고기에 포함되어 있다.

⑤ 트레오닌threonine : 단백질의 균형을 유지하고 지방간 방지를 하며 면역 체계에 도움을 준다. 우유와 달걀, 콩에 포함되어 있다.

⑥ 라이신lysine : 피로 해소와 관련이 있고 집중력을 높이고 빈혈, 어지러움증을 예방하며 호르몬을 촉진하고 정력을 증강한다. 동물의 성장과 발육을 촉진하는 호르몬으로 곡류엔 부족한 아미노산이다. 우유와 치즈, 달걀, 콩에 포함되어 있다.

⑦ 류신leucine : 적혈구 속에 들어 있으면서 산소를 운반하는 색소인 헤모글로빈의 구성 요소로 폐경과 골다공증에 관여한다. 햄과 치즈, 옥수수, 콩에 포함되어 있다.

⑧ 이소류신isoleucine : 성장에 관여하고 정력을 강화하며 빈혈 예방도 한다. 연어와 닭고기, 쇠고기, 우유에 포함되어 있다.

• 비필수아미노산(12가지)

히스티딘histidine, 아르기닌arginine, 글리신glycine, 프롤린proline, 알라닌alanine, 글루탐산glutamic acid, 아스파르트산aspartic acid, 세린serine, 티로신tyrosine, 시스테인cysteine, 아스파라긴asparagine, 글루타민glutamine

●유기산 [organic acid, 有機酸]

무기산과 대응하는 말로서 초산(아세트산), 구연산(시트르산), 사과산(말산, 능금산), 젖산(유산, 락트산), 수산(옥살산), 호박산(석식산), 주석산(타르타르산), 팔미트산, 푸마르산 등이 있다. 그 대부분은 카복실산이므로 좁은 뜻으로는 카복실산을 가리킨다. 그러나 아스코르브산이나 요산尿酸을 비롯하여 카복실산이 아닌 산성 물질도 상당히 많이 있으며, 널리 설폰산, 설핀산, 페놀 등도 포함하여 말하는 경우가 많다. 일반적으로 탄소를 함유하는 산을 유기산이라 하며, 무기산보다 약한 것이 특징이다.

• 초산 [acetic acid, 아세트산]

화학식은 CH₃COOH이다. 식초에서 나는 신맛이 아세트산에 의한 것으로, 식초에는 아세트산이 약 4%가량 포함되어 있다. 식초의 원료로 쓰이고 있어 아세트산을 초산이라고 부르기도 한다. 순도가 높은 아세트산은 상온에서 고체로 존재하는데, 이를 얼어 있는 초산이라는 의미로 빙초산이라 부른다. 빙초산은 독성이 강해 피부에 닿으면 염증을 일으키므로 주의해야 한다. 아세트산은 발효를 이용해 만들 수 있다.

산소가 없는 상태에서 포도당에 효모를 넣어주면 알코올발효가 일어나 에탄올이 만들어진다. 이 에탄올에 산소가 있는 상태에서 초산균을 넣어주면 초산균에 의해 에탄올이 분해되어 물과 아세트산이 만들어진다. 이를 초산발효라고 하며, 식용식초를 만들 때 자주 사용하는 방법이다. 식초는 오래전부터 조미료로 많이 사용되어온 물질로, 그 성분인 아세트산이 약산성을 띠고 있어 신맛을 낼 뿐 아니라 음식물의 부패를 막아주고 냄새를 없애는 역할을 하기도 한다. 아세트산은 살균 능력이 있어 대장균이나 포도상구균과 같이 식중독을 일으키는 세균을 죽임으로써 음식의 부패가 진행되는 것을 막아준다.

신선한 생선에서는 비린내가 나지 않지만 시간이 지날수록 미생물에 의해 부패가 일어나면서 트라이메틸아민과 같이 자극적인 냄새가 나는 질소화합물이 만들어진다. 이 때문에 오래된 생선에서 비린내가 나게 되는데, 여기에 식초를 뿌려주면 그 속에 들어 있는 아세트산이 염기성을 띠고 있는 질소화합물을 중화시켜 비린내를 없앤다. 레몬에 들어 있는 시트르산 역시 아세트산과 같은 약산성 물질로 비슷한 작용을 하기 때문에 레몬즙을 뿌려도 좋다.

• 구연산 [citric acid, 시트르산]

구연이란 시트론 citron의 한자명이며 시트론을 비롯하여 레몬이나 덜 익은 감귤 등 감귤류의 과일에 특히 많이 함유되어 있는 데에서 연유한다. 영어명인 citric acid의 citric도 감귤류를 뜻하는 그리스어인 citrus에서 유래한 것이다. 화학식은 $C_6H_8O_7$이다. 물·에탄올에 잘 녹는다. 물에서 결정시키면 1분자의 결정수를 지닌 큰 막대 모양 결정이 생긴다. 가열하면 무수물이 되는데, 이것은 녹는점이 153℃이다. 온도를 더 올리면 175℃에서 아코니트산aconitic acid이 되고, 고온에서는 이타콘산itaconic acid 무수물이나 전위 생성물인 시트라콘산citraconic acid 무수물 및 아세톤다이카복실산acetone dicarboxylic acid을 생성한다.

당류를 기질로 하여 미생물을 배양했을 때, 배양액 속에 시트르산이 축적되는 현상을 볼 수 있는데 이것을 시트르산발효라 한다. 여러 배양 방법이 연구되어 지금은 세계에서 생산되는 시트르산 총량의 90%가 이 발효법에 의해서 만들어진다. 시트르산발효를 일으키는 미생물로는 보통 검은곰팡이가 사용되는데, 산성(pH 2~3)에서 약 30℃, 7~10일간 발효시키면 시트르산을 얻을 수 있다.

TCA회로를 구성하는 한 요소로 시트르산은 고등동물의 물질대사에서 중요한 구실을 한다. 또한 체내의 칼슘 흡수를 촉진하는 작용도 알려져 있다. 과즙·청량음료에 첨가하거나, 의약품·이뇨성 음료에 신맛을 내는 외에 분석 시약으로도 사용된다. 또 혈액 응고에는 칼슘 이온이 필요한데, 시트르산은 칼슘 이온을 포착하므로 혈액 응고 저지제로 사용된다.

• 사과산 [malic acid, 말산, 능금산]

화학식은 $C_4H_6O_5$이다. 좌회전성인 L-말산은 사과·포도 등 천연 과일에 함유되어 있다. 조해성이 있으며, 무색의 바늘 모양 결정이다. 분자량 134.09, 비중 1.595, 녹는점 100℃, 끓는점 140℃(분해)이다. 물·에탄올에는 잘 녹지만, 에테르에는 잘 녹지 않는다. 고유광회전도는 농도에 따라 변하는데, 묽은 수용액은 좌회전성이지만 20℃에서 34% 이상의 진한 수용액에서는 우회전성이다. 예를 들면, 8.4% 농도에서는 고유광회전도 −2.3°,

34% 농도에서는 0°, 70%에서는 3.3°가 된다. 이 이성질체는 청량음료에 신맛을 내는 데 사용되며, 또 이 나트륨염은 신장병 환자의 무염無鹽간장으로 사용된다. D-말산은 천연으로는 존재하지 않고 DL-말산을 광학분할하여 얻는다. 분자량이나 비중 등의 성질은 L-말산과 같으나 녹는점이 98~99℃로 다르다. DL-말산은 할로젠석신산을 알칼리로 가수분해할 때 생기며, 비중 1.601, 녹는점 133℃, 끓는점 150℃(분해)이다. 산의 1차 표준물질로서 알칼리 표준용액의 농도결정에 사용된다.

• **젖산** [lactic acid, 락트산, 유산]

화학식은 $C_3H_6O_3$이다. 1780년 K. W. 셸레에 의해 산패한 우유 속에서 발견되었으며 동식물계에 널리 존재한다. D·L·DL형의 광학이성질체가 있다. L-젖산은 해당解糖과정의 최종 산물로서 피루브산의 환원에 의해 생성된다. 조해성潮解性이 강한 막대 모양 결정이며, 녹는점은 25~26℃이다.

근육·동물조직 속에 존재하고 사람의 혈액 속에는 100 mL당 5~20 mg이 존재하며, 심한 운동에 의해 증가한다. 운동에 의한 근육의 피로는 글리코젠의 분해에 의한 L-젖산의 축적과 관계가 있다. 휴식 시에는 그 일부가 산화 분해되지만 대부분 원래의 글리코젠으로 재합성된다. D-젖산은 두꺼운 판 모양 결정이며, 녹는점은 26~27℃이다. DL-젖산 (라세미체)은 무색의 시럽상 액체로 식물이나 산패한 물질, 요구르트 등의 발효유, 젖산균 음료에 함유되어 있다. 녹는점은 18℃이다. 상압에서 증류하면 탈수 반응이 일어나서 분해되나 감압하의 끓는점은 120℃(12 mmHg)이다. 물, 알코올, 에테르에 잘 녹으며, 키니네염 등을 만들어 D형과 L형으로 분리할 수 있다. 젖산균에 의한 젖산발효로 생성되는 것을 발효젖산이라고 하는데, 이것은 균의 종류에 따라 D, L, DL-젖산 중 어느 하나로 된다.

젖산은 현재 모두 녹말질, 당질류를 원료로 하여 발효법에 의해 제조되고 있다. 신맛이 나고 식용으로는 과실추출액, 시럽, 청량음료의 산미제酸味劑로 이용되며, 주류酒類의 발효 초기에 가해서 부패균의 번식을 방지하는 데도 사용된다. 공업용으로는 염료의 발염제, 산성 매염제媒染劑, 피혁의 탈회제, 합성수지의 원료 등으로 사용된다. 젖산칼슘은 식품의 칼슘 강화에, 젖산나트륨은 글리세린의 대용, 담배의 습도조절제로 사용된다. 젖산의 에스터는 도료의 용제로 사용되는 것 외에 플라스틱의 성질개량제로 이용된다. 젖산을 마시면 장내에 있는 유해 세균의 발육을 억제하여 장의 기능을 좋게 한다.

• **수산** [oxalic acid, 옥살산]

무색의 침상 결정으로 냄새가 없는 산제 식품 제조용 첨가물이다. 화학식은 $C_2H_2O_4 \cdot 2H_2O$이다. 물에 용해되며 비등수에 더 잘 용해된다. 수용액은 산성이며 석유에테르에는 용해되지 않고 에테르에 잘 용해된다. 수산은 칼슘과 결합해서 물에 불침성의 염을 만든다. 100℃에서 주의하여 가열하면 무수물을 얻는다. 유기산 중에는 비교적 강산이고 환원성이 있다. 표백성을 가진 산으로 칼슘염으로 제거가 가능하여 식품공업에도 제조용으로 사용된다.

식물 중에서 산성칼륨염 또는 칼슘염으로 세포액 중에 존재하고, 시금치에 비교적 많으며 건조물에 대해 0.5~1%라고 하며 녹차에 많다는 보고도 있다. 천연식물에 수산칼슘이 함유되어 있는데 이들은 혈중의 칼슘(Ca) 농도를 저하시키므로 유독하며 체내에서 결석의 원인이 된다. 토끼의 경구투여 엘디50(LD50)은 2~4 g/kg이다. 전분을 가수분해하여 물엿, 포도당을 제조할 때 이용되며, 최종 식품 완성 전에 제거하여야 한다.

• **호박산** [succinic acid, 석신산]

1550년 R. 아그리콜라가 화석(化石)이 된 수지인 호박(琥珀)을 건류하여 얻었다는 기록이 있기 때문에 호박산이라고도 한다. 화학식은 $HOOCCH_2CH_2COOH$이다. 끓는점에서 1분자의 물을 잃고 무수물이 된다. 뜨거운 물에는 잘 녹으나, 찬물에는 별로 녹지 않는다. 메탄올, 에탄올, 아세톤 등에도 녹으나 에테르에는 잘 녹지 않는다. 천연으로는 호박 속에 그 유도체가 함유되어 있으며, 이 밖에 테레빈유, 부족류, 지의류, 균류 등에도 분포하고 청주 속에도 함유되어 있다. 생체 내에서는 산화와 환원 과정에서 중요한 위치를 차지하고 있다. 몇 가지 합성법이 있는데, 대부분은 말레산을 접촉 환원시켜 얻는다. 글루탐산 나트륨과 혼합하여 조미료로서 사용된다. 생체 내에서 TCA 회로에 관여한다.

TCA 회로에서는 α-케토글루타르산의 탈탄산에 의하여 활성 석신산이 생긴다. 이것은 그대로 포피린계(적색 혈색소나 엽록소, 시토크롬 등)의 합성에 사용되거나 파괴되어 석신산이 된다. 이때는 화학에너지를 GTP(구아노신삼인산)의 형태로 저장한다. 석신산은 석신산 탈수소효소의 작용으로 수소가 이탈하여 푸마르산이 되고, 전자(電子)는 시토크롬계로 전달된다.

• **주석산** [tartaric acid, 타르타르산(타타르산)]

사과산과 함께 포도에 자연적으로 들어 있는 중요한 산이다. 따뜻한 곳에서 재배된 포도에 더 많이 들어 있으며, 사과산과 달리 익을수록 감소되지 않는다. 포도주를 만들 때 침전하는 주석에 함유되어 있어 주석산이라고 한다. 화학식은 $C_4H_6O_6$이다. 우회전성인 L-타르타르산(tartaric acid), 좌회전성인 D-타르타르산 및 이들의 등량 혼합물인 라세미체의 타르타르산(tartaric acid)(포도산이라고도 한다) 외에 광학활성을 갖지 않는 m-타르타르산의 여러 이성질체가 있다. 천연으로 존재할 때는 L-타르타르산이 주가 되며, 유리 상태의 산, 칼슘염 및 칼륨염으로서 식물계에 널리 분포한다.

1769년 K. W. 셸레에 의해 발견되고 그 후 1822년에 라세미체인 포도산이 발견되었다. 1748~1753년에 파스퇴르가 일련의 광학활성에 관한 연구를 발표하여, DL형을 분할하면 L-타르타르산 외에 천연으로는 존재하지 않는 D-타르타르산이 생긴다는 것과, 광학적으로 분할할 수 없는 m-타르타르산의 존재가 확인되었다. 그 후 1774년 J. H. 반트호프(Jacobus Henricus van't Hoff)와 J. A. 르벨(Le Bel, Joseph-Achille)이 제안한 타르타르산에 입체 이성질 현상이 존재한다는 것이 설명되었다. 또 1951년 J.바이푸트는 X선 이상산란을 이용하여 절대입체배치의 결정에 성공하였다. 청량음료, 시럽, 주스 등에 널리 사용되고, 의약품으로는 청량 지갈제로서, 또 염색공업, 제과, 사진, 유기합성, 금속의 착색 등에 사용된다.

• **팔미트산** [palmitic acid]

화학식은 $CH_3(CH_2)_{14}COOH$이다. 분자량 256, 녹는점 62.65℃, 끓는점 351.5℃ 이다. 물에는 녹지 않으나 알코올이나 에테르에는 녹는다. 스테아르산, 올레산과 함께 동식물계에 널리 분포하며 대부분의 유지에 함유되어 있는데, 특히 목랍木蠟이나 팜핵유에 다량으로 함유되어 있다.

우지牛脂나 돈지豚脂 등에 함유되어 있는 팔미틴은 글리세롤과 3분자의 팔미트산과의 에스터(트라이팔미틴)다. 또 경랍鯨蠟은 팔미트산과 세탄올(세틸알코올)과의 에스터다. 팔미트산의 에스터, 금속염, 알코올, 아마이드 등의 유도체는 공업적으로 중요하며 도료, 그리스, 화장품, 플라스틱, 비누, 합성세제 등으로 널리 사용된다.

• **푸마르산** [fumaric acid]

화학식은 $C_4H_4O_4$이다. 분자량 116.17, 녹는점 286~287℃ (봉관封管 속에서 측정), 비중 1.63이다. 흰색의 결정성 가루로서 냄새가 없고 특이한 신맛을 가진다. 물에는 잘 녹지 않고 알코올(5.8%), 아세톤(1.7%)에 녹으며 클로로폼이나 벤젠에는 녹지 않는다. 흡습성이 적고 안정하다. 200℃ 이상에서는 승화되고 230℃ 이상 가열하면 일부가 무수사과산이 되며, 물과 함께 가열하면 DL-타타르산이 된다. 푸마르산은 고체 유기산 중 가격이 저렴하고 그 효과가 커서 가장 경제적인 산으로 알려져 있다. 푸마르산은 강하고 독특한 수렴성 신맛을 가지고 있는데, 시트르산의 신맛보다 1.8배 강하다. 포화수용액의 pH는 2.2~2.7이며, 녹는점은 287℃ 이다.

인체 대사 과정인 TCA 회로의 중간체로 생성되며 인체에 중요한 유기산이다. 1일 허용섭취량ADI은 책정되어 있지 않다. 푸마르산은 물에 잘 녹지 않아 청량음료, 과일 통조림 등에 시트르산 혹은 타타르산과 함께 사용하며 이때 시트르산의 20~30% 정도 첨가한다. 비흡습성이므로 분말 식품에 사용하면 효과적이고 물에 용해도가 낮아 분말 주스의 발포제로 사용하면 기포의 지속성에 좋다. 이 외에 합성 청주나 절임류에 푸마르산일나트륨과 석신산이나트륨 등과 함께 사용한다. 팽창제의 지효성 산성 물질로 사용되며, 유지 식품의 산화 방지제와 함께 사용하면 산화 방지 효과가 증대된다. 밀폐용기에 보관한다.

●식품의 갈변 반응

사과를 깎아 그대로 두면 갈색으로 변하는 현상이 갈변 현상이며, 간장이나 된장의 색이 짙은 흑갈색으로 변하는 것도 갈변 현상이다. 특히 식초를 오랫동안 숙성시키면 짙은 갈색으로 변하다가 몇 년이 더 흐르면 검은색인 흑초가 된다. 이와 같이 가공식품들이 가공되거나 저장(숙성) 중에 갈색이나 짙은 흑갈색으로 변하는 것을 갈변browning이라 하며, 갈변이 되는 반응을 갈변 반응browning reaction이라 한다.

갈변 반응에 의해 커피나 홍차, 된장, 간장, 빵, 비스킷 등은 색깔뿐만 아니라 맛과 향에 영향을 받아 품질이 향상되는 경우도 있지만 과일이나 청주, 분유 등은 품질이 저하될 수도 있다. 식품의 갈변 반응에는 효소가 관여해 반응하는 효소적 갈변 반응과 효소가 관여하지 않는 비효소적 갈변 반응이 있다.

첫째, 효소적 갈변 반응에 대하여 알아보자. 갈변이 잘 일어나는 식품에는 사과, 바나나, 감자, 고구마 등이 있다. 이들은 폴리페놀polyphenol류를 함유하고 있는 식품으로, 산소와 만나 산화가 되면 폴리페놀 산화효소polyphenol oxidase에 의해 갈변이 일어난다. 갈변의 정도는 식품에 따라 다르며 주로 효소와 기질의 종류에 따라 차이가 나는데, 갈변 현상이 일어나기 위해서는 반드시 효소와 기질, 산소가 필요하다고 알려져 있다. 만약 가열 처리한 식품이라면 열에 의하여 효소가 파괴되었기에 효소적 갈변 반응은 일어나지 않는다.

둘째, 비효소적 갈변 반응에 대하여 알아보자. 비효소적 갈변 반응이란 말 그대로 효소가 관여하지 않고 식품 중의 어떤 성분들이 화학 반응을 일으켜 갈색으로 변화하는 것이다. 비효소적 갈변 반응에는 마이얄Maillard 반응, 캐러멜caramel화 반응, 아스코르브산ascorbic acid 산화 반응이 있는데, 식품에서는 주로 이들이 혼합되어 일어난다. 마이얄(메일라드) 반응은 환원당과 아미노기를 갖는 화합물 사이에서 일어나는 반응으로 아미노-카보닐 반응amino-carbonyl reaction이라고도 한다.

식품의 가열, 조리 또는 저장 중 일어나는 갈변이나 향기의 생성에 관여하는 대표적인 비효소적 갈변 반응이다. 마이얄 반응은 온도에 영향을 가장 많이 받는다. 온도와 pH가 높은 경우에 잘 일어나며, 산소는 영향을 크게 미치지 않는다. 마이얄 반응에 의한 갈변 반응은 아황산염에 의하여 저해되거나 중지되므로 갈변방지제로 많이 사용되고 있다. 캐러멜화 반응은 아미노amino 화합물이 존재하지 않는 경우 당류의 가열에 의해 일어난다. 이것은 마이얄 반응과는 달리 자연발생적으로는 일어나지 않고 지속적으로 가열을 해주어야 일어나는 반응이다. 아스코르브산 산화 반응은 아스코르브산이 많이 들어 있는 감귤류의 가공품에서 많이 일어난다.

백용규 필자가 알코올 도수를 측정하기 위해 실험 도구를 조작하고 있다.

초산발효 기간과 총산도의 변화

| 초산발효 그래프 그리기 실례 |

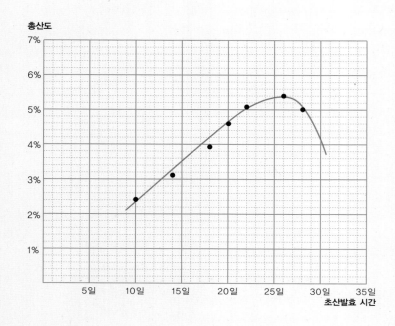

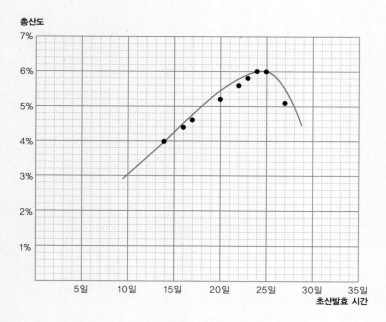

현미 30 L
종초 30%

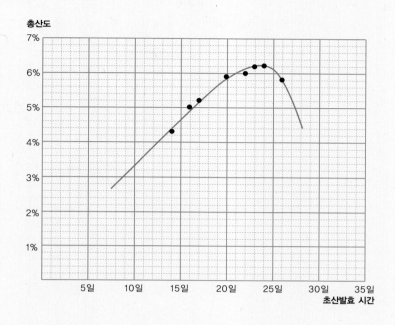

현미 30 L
종초 40%

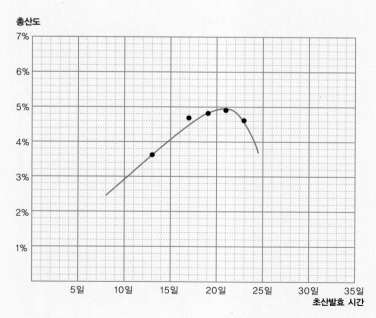

173

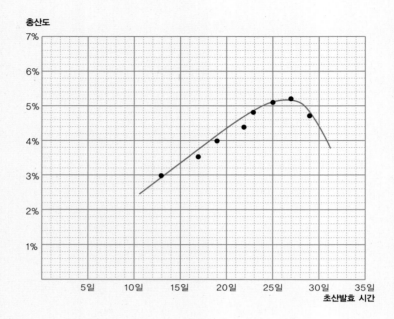

현미 50 L
종초 40%

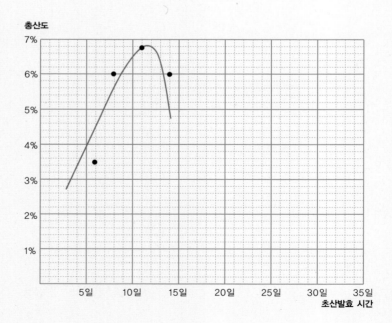

사과 5 L
종초 20%

174

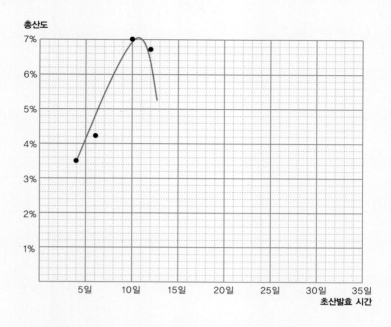

석류 10 L
종초 20%

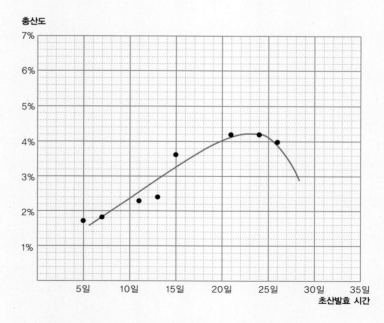

땡감 10 L
종초 20%

175

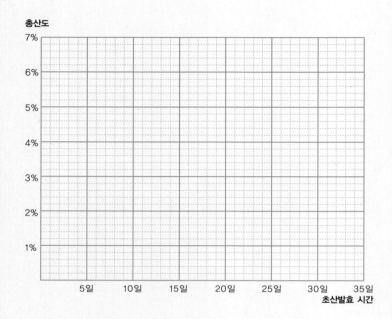

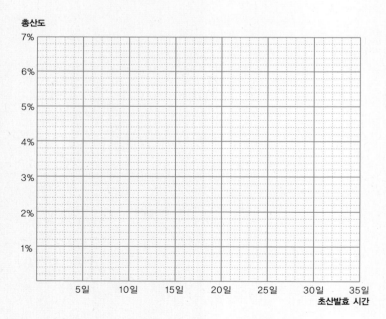

총산도

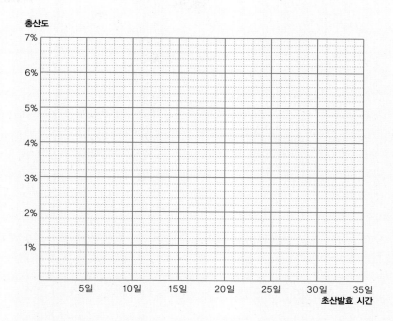

총산도

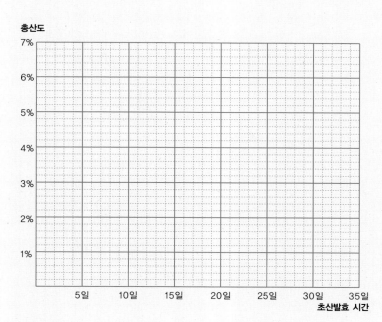

177

총산도

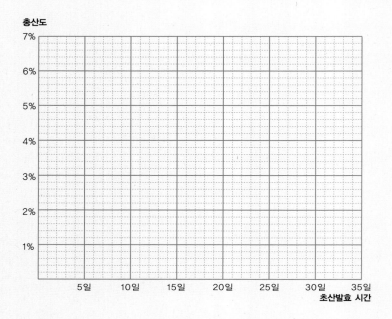

7%
6%
5%
4%
3%
2%
1%

5일   10일   15일   20일   25일   30일   35일
초산발효 시간

총산도

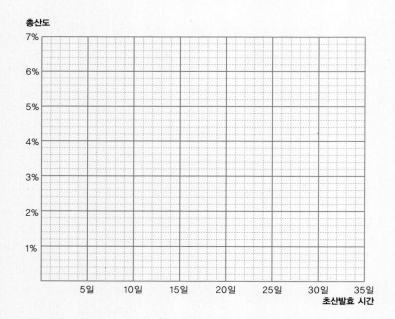

7%
6%
5%
4%
3%
2%
1%

5일   10일   15일   20일   25일   30일   35일
초산발효 시간

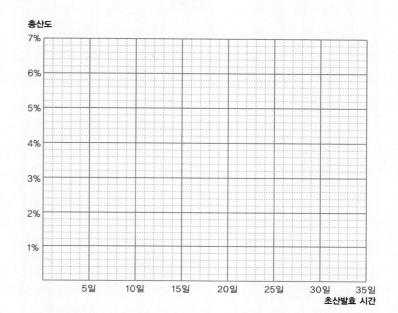

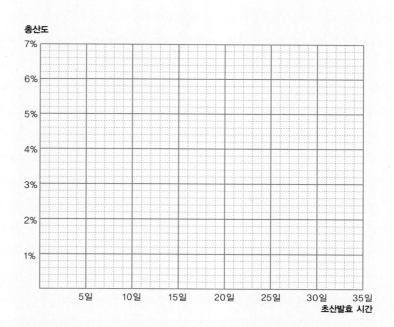

179

초산발효 일지

감식초		
2013. 12. 29	알코올발효	익은 감과 익지 않은 감을 믹서로 갈고 24 Brix로 보당하여 품온 25℃ 유지
2014. 01. 15	채주	알코올도수 11%, 당도 11 Brix
01. 29	초 안치기	청주 알코올도수 6%, 당도 6 Brix, 종초 20%
02. 03		총산도 1.7%
02. 05		총산도 1.6%
02. 09		총산도 2.3%
02. 11		총산도 2.4%
02. 13		총산도 3.6%
02. 19		총산도 4.2%
02. 22	숙성 시작	총산도 4.2%, 당도 6 Brix
05. 31	병입	

조건
술의 알코올도수 6%,
발효 온도 30℃

술의 재료	술의 양	종초 비율	1	2	3	4	5	6	7	8	9	10	11	12	13	14	15
현미	30 L	10%										2.4				3.1	
현미	30 L	20%														4.0	
현미	30 L	30%														4.3	
현미	30 L	40%													3.6		
현미	50 L	40%													3.0		
사과	5 L	20%						3.5		6.0			6.8			6.0	
석류	10 L	20%				3.5		4.2				7.0		6.7			
생감	10 L	20%					1.7		1.8				2.3		2.4		3.6

술의 재료	술의 양	종초 비율	16	17	18	19	20	21	22	23	24	25	26	27	28	29	30
현미	30 L	10%			3.9		4.6		5.1				5.4		5.0		
현미	30 L	20%	4.4	4.6			5.2		5.6	5.8	6.0	6.0		5.1			
현미	30 L	30%	5.0	5.2			5.9		6.0	6.2	6.2		5.8				
현미	30 L	40%		4.7		4.8		4.9		4.6							
현미	50 L	40%		3.5		4.0			4.4	4.8		5.1		5.2		4.7	
사과	5 L	20%															
석류	10 L	20%															
생감	10 L	20%						4.2			4.2		4.0				

술의 재료	술의 양	종초 비율	1	2	3	4	5	6	7	8	9	10	11	12	13	14	15

술의 재료	술의 양	종초 비율	16	17	18	19	20	21	22	23	24	25	26	27	28	29	30

온도℃	알코올분 (용량 %)								
	1.0	1.5	2.0	2.5	3.0	3.5	4.0	4.5	5.0
5.0	1.4	1.9	2.5	3.0	3.5	4.0	4.5	5.0	5.5
5.5									
6.0									
6.5									
7.0									
7.5									
8.0									
8.5									
9.0									
9.5									
10.0	1.4	1.9	2.4	2.9	3.4	3.9	4.5	5.0	5.5
10.5	1.3	1.8	2.4	2.9	3.4	3.9	4.4	4.9	5.4
11.0	1.3	1.8	2.4	2.9	3.4	3.9	4.4	4.9	5.4
11.5	1.2	1.8	2.4	2.8	3.3	3.8	4.3	4.8	5.3
12.0	1.2	1.7	2.3	2.8	3.3	3.8	4.3	4.8	5.3
12.5	1.2	1.7	2.2	2.7	3.2	3.7	4.2	4.7	5.2
13.0	1.2	1.7	2.2	2.7	3.2	3.7	4.2	4.7	5.2
13.5	1.1	1.6	2.1	2.6	3.1	3.6	4.1	4.6	5.1
14.0	1.1	1.6	2.0	2.6	3.1	3.6	4.1	4.6	5.1
14.5	1.0	1.5	2.0	2.5	3.0	3.5	4.0	4.5	5.0
15.0	1.0	1.5	2.0	2.5	3.0	3.5	4.0	4.5	5.0
15.5	0.9	1.4	1.9	2.4	2.9	3.4	3.9	4.4	4.9
16.0	0.9	1.4	1.9	2.4	2.9	3.4	3.9	4.4	4.9
16.5	0.8	1.3	1.8	2.3	2.8	3.3	3.8	4.3	4.8
17.0	0.8	1.3	1.8	2.3	2.8	3.3	3.8	4.3	4.8
17.5	0.7	1.2	1.7	2.2	2.7	3.2	3.7	4.2	4.7
18.0	0.7	1.2	1.7	2.2	2.7	3.2	3.7	4.2	4.7
18.5	0.6	1.1	1.6	2.1	2.6	3.1	3.6	4.1	4.6
19.0	0.6	1.1	1.6	2.1	2.6	3.1	3.6	4.0	4.5
19.5	0.5	1.0	1.5	2.0	2.5	3.0	3.5	3.9	4.4
20.0	0.5	1.0	1.5	1.9	2.4	2.9	3.4	3.9	4.4
20.5	0.4	0.9	1.4	1.9	2.3	2.8	3.3	3.8	4.3
21.0	0.4	0.9	1.4	1.8	2.3	2.8	3.3	3.8	4.3
21.5	0.3	0.8	1.3	1.8	2.2	2.7	3.2	3.7	4.2
22.0	0.3	0.8	1.3	1.7	2.2	2.7	3.2	3.6	4.1
22.5	0.2	0.7	1.2	1.6	2.1	2.6	3.1	3.6	4.0
23.0	0.1	0.6	1.1	1.6	2.1	2.6	3.1	3.5	4.0
23.5			1.0	1.5	2.0	2.5	3.0	3.4	3.9
24.0			1.0	1.5	1.9	2.4	2.9	3.3	3.8
24.5			0.9	1.4	1.8	2.3	2.8	3.2	3.7
25.0			0.8	1.3	1.7	2.2	2.7	3.1	3.6

온도℃	알코올분 (용량 %)									
	5.5	6.0	6.5	7.0	7.5	8.0	8.5	9.0	9.5	10.0
5.0	6.0	6.6	7.1	7.7	8.2	8.7	9.2	9.8	10.3	10.9
5.5										
6.0										
6.5										
7.0										
7.5										
8.0										
8.5										
9.0										
9.5										
10.0	6.0	6.5	7.0	7.5	8.0	8.5	9.0	9.5	10.0	10.6
10.5	5.9	6.4	6.9	7.4	7.9	8.4	8.9	9.4	10.0	10.5
11.0	5.9	6.4	6.9	7.4	7.9	8.4	8.9	9.4	9.9	10.5
11.5	5.8	6.3	6.8	7.3	7.8	8.3	8.8	9.3	9.9	10.4
12.0	5.8	6.3	6.8	7.3	7.8	8.3	8.8	9.3	9.8	10.4
12.5	5.7	6.2	6.7	7.2	7.7	8.2	8.7	9.2	9.8	10.3
13.0	5.7	6.2	6.7	7.2	7.7	8.2	8.7	9.2	9.7	10.3
13.5	5.6	6.1	6.6	7.1	7.6	8.1	8.6	9.1	9.7	10.2
14.0	5.6	6.1	6.6	7.1	7.6	8.1	8.6	9.1	9.6	10.2
14.5	5.5	6.0	6.5	7.0	7.5	8.0	8.5	9.0	9.5	10.1
15.0	5.5	6.0	6.5	7.0	7.5	8.0	8.5	9.0	9.5	10.0
15.5	5.4	5.9	6.4	6.9	7.4	7.9	8.4	8.9	9.4	9.9
16.0	5.4	5.9	6.4	6.9	7.4	7.9	8.4	8.9	9.4	9.9
16.5	5.3	5.8	6.3	6.8	7.3	7.8	8.3	8.8	9.3	9.8
17.0	5.3	5.8	6.3	6.8	7.3	7.8	8.3	8.8	9.3	9.8
17.5	5.2	5.7	6.2	6.7	7.2	7.7	8.2	8.7	9.2	9.7
18.0	5.2	5.7	6.2	6.7	7.2	7.7	8.2	8.7	9.2	9.7
18.5	5.1	5.6	6.1	6.6	7.1	7.6	8.1	8.6	9.1	9.6
19.0	5.0	5.5	6.0	6.5	7.0	7.5	8.0	8.5	9.0	9.5
19.5	4.9	5.4	5.9	6.4	6.9	7.4	7.9	8.4	8.9	9.4
20.0	4.9	5.4	5.9	6.4	6.8	7.3	7.8	8.3	8.8	9.3
20.5	4.8	5.3	5.8	6.3	6.7	7.2	7.7	8.2	8.7	9.2
21.0	4.7	5.2	5.7	6.2	6.6	7.1	7.6	8.1	8.6	9.1
21.5	4.6	5.1	5.6	6.1	6.6	7.0	7.5	8.0	8.5	9.0
22.0	4.6	5.1	5.6	6.1	6.5	7.0	7.4	7.9	8.4	8.9
22.5	4.5	5.0	5.5	6.0	6.4	6.9	7.3	7.8	8.3	8.8
23.0	4.4	4.9	5.4	5.9	6.3	6.8	7.3	7.8	8.2	8.7
23.5	4.3	4.8	5.3	5.8	6.3	6.7	7.2	7.7	8.1	8.6
24.0	4.3	4.8	5.3	5.8	6.2	6.7	7.1	7.6	8.0	8.5
24.5	4.2	4.7	5.1	5.6	6.1	6.6	7.0	7.5	7.9	8.4
25.0	4.1	4.6	5.0	5.5	6.0	6.5	6.9	7.4	7.8	8.3

온도℃	알코올분 (용량 %)									
	10.5	11.0	11.5	12.0	12.5	13.0	13.5	14.0	14.5	15.0
5.0	11.5	12.1	12.6	13.2	13.8	14.4	15.0	15.7	16.2	16.8
5.5				13.1	13.7	14.3	15.0	15.6	16.2	16.7
6.0				13.1	13.7	14.3	14.9	15.6	16.1	16.7
6.5				13.0	13.6	14.2	14.8	15.5	16.0	16.6
7.0				13.0	13.6	14.2	14.8	15.4	16.0	16.6
7.5				13.0	13.5	14.1	14.7	15.3	15.9	16.5
8.0				13.0	13.5	14.1	14.7	15.3	15.8	16.4
8.5				12.9	13.5	14.0	14.6	15.2	15.7	16.3
9.0				12.9	13.4	14.0	14.5	15.1	15.6	16.2
9.5				12.8	13.3	13.9	14.4	15.0	15.5	16.1
10.0	11.1	11.7	12.2	12.7	13.2	13.8	14.3	14.9	15.4	16.0
10.5	11.1	11.6	12.1	12.6	13.2	13.7	14.2	14.8	15.3	15.9
11.0	11.0	11.6	12.1	12.6	13.1	13.6	14.1	14.7	15.2	15.8
11.5	11.0	11.5	12.0	12.5	13.0	13.5	14.1	14.6	15.1	15.7
12.0	10.9	11.5	12.0	12.5	13.0	13.5	14.0	14.6	15.1	15.6
12.5	10.9	11.4	11.9	12.4	12.9	13.4	13.9	14.5	15.0	15.5
13.0	10.8	11.4	11.9	12.4	12.9	13.4	13.9	14.4	14.9	15.4
13.5	10.7	11.3	11.8	12.3	12.8	13.3	13.8	14.3	14.8	15.3
14.0	10.7	11.2	11.7	12.2	12.7	13.2	13.7	14.2	14.7	15.2
14.5	10.6	11.1	11.6	12.1	12.6	13.1	13.6	14.1	14.6	15.1
15.0	10.5	11.0	11.5	12.0	12.5	13.0	13.5	14.0	14.5	15.0
15.5	10.4	10.9	11.4	11.9	12.4	12.9	13.4	13.9	14.4	14.9
16.0	10.4	10.9	11.4	11.9	12.4	12.9	13.4	13.9	14.4	14.9
16.5	10.3	10.8	11.3	11.8	12.3	12.8	13.3	13.8	14.3	14.8
17.0	10.3	10.8	11.2	11.7	12.2	12.7	13.2	13.7	14.2	14.7
17.5	10.2	10.7	11.2	11.6	12.1	12.6	13.1	13.6	14.1	14.6
18.0	10.2	10.7	11.1	11.6	12.0	12.5	13.0	13.5	14.0	14.5
18.5	10.1	10.6	11.0	11.5	11.9	12.4	12.9	13.4	13.9	14.4
19.0	10.0	10.5	10.9	11.4	11.9	12.4	12.8	13.3	13.8	14.3
19.5	9.9	10.4	10.8	11.3	11.8	12.3	12.7	13.2	13.6	14.1
20.0	9.8	10.3	10.7	11.2	11.7	12.2	12.6	13.1	13.5	14.0
20.5	9.7	10.2	10.6	11.1	11.5	12.0	12.5	12.9	13.4	13.8
21.0	9.6	10.2	10.5	11.0	11.4	11.9	12.3	12.8	13.2	13.7
21.5	9.5	10.0	10.4	10.9	11.3	11.8	12.2	12.7	13.1	13.6
22.0	9.4	9.9	10.3	10.8	11.2	11.7	12.1	12.6	13.0	13.5
22.5	9.3	9.8	10.2	10.7	11.1	11.6	12.0	12.5	12.9	13.4
23.0	9.2	9.7	10.1	10.6	11.0	11.5	11.9	12.4	12.8	13.3
23.5	9.1	9.6	10.0	10.5	10.9	11.4	11.8	12.3	12.7	13.2
24.0	9.0	9.5	9.9	10.4	10.8	11.3	11.7	12.2	12.6	13.1
24.5	8.9	9.4	9.8	10.3	10.7	11.2	11.6	12.1	12.5	12.9
25.0	8.8	9.3	9.7	10.2	10.6	11.1	11.5	12.0	12.4	12.8

온도℃	알코올분 (용량 %)									
	15.5	16.0	16.5	17.0	17.5	18.0	18.5	19.0	19.5	20.0
5.0	17.4	18.0	18.6	19.2	19.8	20.4	20.9	21.5	22.1	22.7
5.5	17.3	17.9	18.5	19.1	19.7	20.3	20.8	21.4	21.9	22.5
6.0	17.2	17.8	18.4	19.0	19.6	20.2	20.7	21.3	21.8	22.4
6.5	17.2	17.7	18.3	18.9	19.5	20.1	20.6	21.1	21.7	22.2
7.0	17.1	17.7	18.2	18.8	19.4	20.0	20.5	21.0	21.5	22.1
7.5	17.0	17.6	18.1	18.7	19.2	19.8	20.3	20.8	21.4	21.9
8.0	16.9	17.5	18.0	18.6	19.1	19.7	20.2	20.7	21.2	21.8
8.5	16.8	17.4	17.9	18.5	19.0	19.6	20.1	20.6	21.1	21.7
9.0	16.7	17.3	17.8	18.4	18.9	19.5	20.0	20.5	21.0	21.6
9.5	16.6	17.1	17.7	18.2	18.8	19.3	19.8	20.3	20.9	21.4
10.0	16.5	17.0	17.5	18.1	18.6	19.2	19.7	20.2	20.7	21.3
10.5	16.4	16.9	17.4	18.0	18.5	19.1	19.6	20.1	20.6	21.1
11.0	16.3	16.8	17.3	17.9	18.4	19.0	19.5	20.0	20.5	21.0
11.5	16.2	16.7	17.2	17.7	18.3	18.8	19.3	19.8	20.3	20.8
12.0	16.1	16.6	17.1	17.6	18.1	18.7	19.2	19.7	20.2	20.7
12.5	16.0	16.5	17.0	17.5	18.0	18.6	19.1	19.6	20.1	20.6
13.0	15.9	16.4	16.9	17.4	17.9	18.5	19.0	19.5	20.0	20.5
13.5	15.8	16.3	16.8	17.3	17.8	18.3	18.8	19.3	19.8	20.3
14.0	15.7	16.2	16.7	17.2	17.7	18.2	18.7	19.2	19.7	20.2
14.5	15.6	16.1	16.6	17.1	17.6	18.1	18.6	19.1	19.6	20.1
15.0	15.5	16.0	16.5	17.0	17.5	18.0	18.5	19.0	19.5	20.0
15.5	15.4	15.9	16.4	16.9	17.4	17.9	18.3	18.8	19.3	19.8
16.0	15.4	15.9	16.4	16.9	17.3	17.8	18.2	18.7	19.2	19.7
16.5	15.2	15.7	16.2	16.7	17.2	17.6	18.1	18.5	19.0	19.5
17.0	15.1	15.6	16.1	16.6	17.0	17.5	17.9	18.4	18.9	19.4
17.5	15.0	15.5	15.9	16.4	16.9	17.4	17.8	18.3	18.7	19.2
18.0	14.9	15.4	15.8	16.3	16.8	17.3	17.7	18.2	18.6	19.1
18.5	14.8	15.3	15.7	16.2	16.6	17.1	17.5	18.0	18.5	18.9
19.0	14.7	15.2	15.6	16.1	16.5	17.0	17.4	17.9	18.3	18.8
19.5	14.6	15.0	15.4	15.9	16.4	16.8	17.3	17.7	18.2	18.6
20.0	14.4	14.9	15.3	15.8	16.2	16.7	17.1	17.6	18.0	18.5
20.5	14.3	14.7	15.2	15.6	16.1	16.5	16.9	17.4	17.9	18.3
21.0	14.1	14.6	15.0	15.5	15.9	16.4	16.8	17.3	17.7	18.2
21.5	14.0	14.5	14.9	15.4	15.8	16.3	16.7	17.1	17.6	18.0
22.0	13.9	14.4	14.8	15.3	15.7	16.2	16.6	17.0	17.4	17.9
22.5	13.8	14.2	14.7	15.1	15.6	16.0	16.3	16.8	17.3	17.7
23.0	13.7	14.1	14.5	15.0	15.4	15.9	16.3	16.7	17.1	17.6
23.5	13.6	14.0	14.4	14.9	15.3	15.8	16.2	16.6	17.0	17.5
24.0	13.5	13.9	14.3	14.8	15.2	15.7	16.1	16.5	16.9	17.4
24.5	13.3	13.7	14.2	14.6	15.0	15.5	15.9	16.3	16.8	17.2
25.0	13.2	13.6	14.0	14.5	14.9	15.4	15.8	16.2	16.6	17.1

탕으로 만들어졌기에 이론과 실습, 설명이 뛰어난 책이라고 할 수 있습니다. 또 고등학교와 대학교에서 강의를 하면서 갖춰진 교수 능력을 십분 발휘해 식초에 대한 이론부터 식초 제조까지 궁금한 모든 것을 누구든 알기 쉽게 풀어놓았습니다.

최근 바른 먹거리에 관심 있는 사람들을 중심으로 빙초산 추방 운동이 벌어지면서 자연스럽게 자연발효식초 선호도가 높아지고 있는 이때, 율방 박사의 자연발효식초 교본 출간은 더욱 고무적이라고 생각합니다. 저서의 출간뿐만 아니라 여러 방송 매체에 출연해 올바른 식초 문화 정립에 앞장서고 있는 것을 보면 율방 박사의 에너지와 열정이 느껴집니다.

모쪼록 이 책이 식품영양학이나 조리학을 전공하는 학생들과 식초에 관심이 있는 모든 사람들, 나아가 건강을 찾고자 하는 모든 분들에게 소중한 자료가 되기를 진심으로 기원합니다.

● 박인식(동아대학교 식품영양학과 교수)

과학적인 데이터, 식품영양학적 지식을 두루 담았다

율방 백용규 박사께서 자연발효식초 교본을 발간하게 되어 기쁘게 생각합니다. 저자는 고등학교에서 수학 교사로 재직하면서 가업인 두부요리 전문점 발전을 위해 식품영양학을 공부한 식품학자입니다. 저자에게 주어진 대한민국 두부연구 대한명인, 대한민국 신지식인이라는 수식은 그가 식품학계에서 독보적인 위치를 차지한다는 것을 알려줍니다.

박사학위 논문 지도교수인 내가 지켜본 율방 박사는 열정 그 자체입니다. 어떤 일에 관심을 갖게 되면 그 관심이 해결되기 전에는 결코 물러설 줄 모릅니다. 그랬던 그가 고등학교 교사직을 명예퇴직한다고 했을 때 많은 사람들이 의아해했었습니다. 그런데 전통주 연구와 발효식초 연구로 얻은 성과를 보니 더 대단한 꿈과 열정이 숨어 있었다는 것을 알게 됐습니다.

저자는 학자이면서도 실무를 갖춘 식초 회사의 CEO입니다. 이번에 출간하는 자연발효식초 교본이 기존의 식초 관련 도서와 차별되는 것은 율방 박사의 크고 폭넓은 지식에 더해진 실무 경험입니다. 과학적인 데이터와 식품영양학적인 지식을 바

진실한 건강식품, 율방식초

신체와 정신의 건강한 삶을 표방하는 웰빙이 하나의 중요한 문화적 패턴으로 떠오르면서 자연스럽게 건강식에 사람들의 관심이 쏠리고 있습니다. 그중에서도 자연식, 슬로푸드식 등의 건강식과 가장 어울리는 것이 자연발효식초라고 생각합니다. 수만 년 동안 인간의 본성인 식욕에 대한

끝없는 탐구와 연구가 계속되었고, 그것은 건강하게 오래 살고자 하는 욕망으로 확대되었습니다. 하지만 건강에 대한 과도한 집착은 건강기능식품이나 강정식(强精食) 등을 무분별하게 섭취하는 병폐도 낳았습니다. 여러 가지 건강기능식품이 있다고 하지만 슬로푸드에 가장 가까운 자연발효식초야말로 인간이 가장 가까이해야 할 음식이라고 생각합니다. 때에 맞춰 율방 교수님의 자연발효식초 교본을 만나게 되어 기쁩니다.

박사 동문인 저는 평소 저자를 가까이에서 보며 그의 성실성과 열의에 항상 감탄했습니다. 수학 교사를 명예퇴직 후 전통발효식품의 연구에 뛰어들어 명인이 되기까지 수없이 많은 시행착오를 겪으며 노력하는 모습에 고개가 숙여질 정도입니다. 훌륭한 자연발효식초 제조와 자연발효 현미식초 회사의 설립, 그리고 저서 집필까지 무한히 발전하고 있는 것은 어쩌면 당연한 결과인지도 모르겠습니다.

저자가 10여 년 동안 준비하고 고생한 결실이 이 책 한 권에 고스란히 실려 동료와 후학들, 그리고 식초에 관심이 있는 독자 여러분들에게 그대로 전해질 것이라고 확신합니다. 앞으로도 율방 교수님의 연구와 율방식초의 발전이 기대됩니다. 자연발효식초를 사랑하고 아끼는 모든 분들께 발효식품 발전을 위해 노력하는 율방 백용규 교수님의 저서가 큰 디딤돌이 되기를 기원합니다.

● 김성훈(대한민국 조리기능장,
영산대학교 동양조리학과 학과장)

서양의 유명 식초와 어깨를 나란히 하게 될 율방의 자연발효식초

"자연에 가까이 머무르면, 자연의 영원한 법칙이 당신을 보호해줄 것이다"라는 말이 있습니다. 국내외적으로 식문화 환경의 급속한 변화 속에서 자연은 건강하고 조화로운 삶을 누릴 수 있는 가장 확실한 키워드입니다. 이런 때에 율방 교수님의 자연발효식초 교본을 만나게 되어 더욱 반갑습니다.

이 책에는 식초의 제조 원리 및 제조 방법, 곡물식초 빚기, 과일식초 빚기, 식초의 맛 평가, 식초의 영양 성분, 식초의 다양한 이용 방법 등이 모두 수록되어 있어, 우리의 전통 음식을 연구하는 사람들이나 식초에 관심이 있어 직접 빚어 먹고자 하는 분들에게 좋은 지침서가 될 것이라고 생각합니다.

저자의 전통주에 대한 열정이 자연발효식초로 이어지는 것을 지켜본 저는 '율방식초에서 서양의 유명한 식초들과 어깨를 나란히 할 식초의 탄생이 멀지 않았구나'라는 생각을 하게 됐습니다. 식초가 조금 더 대중화되어 온 국민의 유익한 산업으로 발전되길 소망합니다.

끝으로 본서가 나오기까지 기울인 저자의 노고와 정성에 박수를 보냅니다. 아울러 본서가 건강한 음식 문화를 이끌어가고 우리의 전통 식문화의 발전에 일조할 수 있기를 간절히 바랍니다.

● 박진수(대한민국 조리기능장,
부산여자대학교 호텔외식조리과 학과장)

정동효, 『우리나라 술의 발달사』, 신광출판사, 2004
이효지, 『한국의 전통 민속주』, 한양대출판부, 1996
장씨부인, 『규곤시의방(음식디미방)』, 1598~1680
이수광, 『지봉유설』, 조선고서간행회, 1614
이효지, 『한국의 음식문화』, 신광출판사, 2011
윤숙자, 『아름다운 우리술』, 도서출판 질시루, 2007
유중림, 『증보산림경제』, 1767
정동효, 『생물공학』, 선진문화사, 1992
장지현, 『한국전통주의 형성과 흐름』, 한국식품오천년, 1988
박록담, 『다시 쓰는 주방문』, 코리아쇼케이스, 2010
조호철, 『100가지 술 담그기』, 그리고책, 2012
유대식 – 공저, 『우리 누룩의 정통성과 우수성』, 월드사이언스, 2011
김창환 – 공저, 『식품미생물학』, 유한문화사, 2004
정동효, 『우리나라 술의 발달사』, 신광출판사, 2004
배송자, 『전통 웰빙주 막걸리』, 하남출판사, 2010
배상면, 『전통주 제조 기술』, 국순당부설 효소연구소, 1995
박록담, 『전통주』, 대원사, 2004
김용택 – 공저, 『우리술 보물창고』, 농업기술실용화재단, 2011
최지호 – 공저, 『풀어 쓴 고문헌 전통주 제조법』, 문영당, 2011
이종봉, 『조선후기 도량형제 연구』, 부산경남사학회, 2004
이규철 – 공저, 『개화기 근대적 도량형의 도입과 척도 단위의 변화』,
　　　　　　대한건축학회 문집계획서, 2009
김찬조 – 공저, 『발효공학』, 선진문화사, 1990
김호식, 『발효공학』, 향문사, 1973
이한창, 『발효식품』, 신광출판사, 1991
정동효, 『식품미생물학』, 선진문화사, 1987
에이출판사 편집부, 『사케의 기본』, 스펙트럼북스, 2012
김계원 – 공저, 『탁약주 개론』, 농림수산식품부
허시명, 『막걸리 넌 누구냐』, 예담, 2010
이석준, 『전통주 집에서 쉽게 만들기』, 미래문화사, 2012
칼 오레이, 『자연이 준 기적의 물 식초』, 영신사, 2006
건강식품연구회, 『천연식초건강법』, 가림출판사, 2010
한상준, 『한상준의 식초독립』, 헬스레터, 2014
김혜영, 『웰빙건강법 천연식초』, 으뜸사, 2013
구관모, 『내 몸을 살리는 천연식초』, 국일출판사, 2008
정용진, 「초산균이 생산하는 Cellulose의 이용 전망」. 식품산업과 영양 5(1), 2000, 25~29면
우승미, 「정치배양 및 시판 현미식초의 품질특성 비교」,
　　　　　Korean J Food Preservation19(2), 2012, 301~307면

부록 출처
두산백과